香辛料作物
实用栽培技术

XIANGXINLIAO ZUOWU SHIYONG ZAIPEI JISHU

张和义　编著

中国科学技术出版社
·北　京·

图书在版编目（CIP）数据

香辛料作物实用栽培技术 / 张和义编著 . —北京：
中国科学技术出版社，2018.1
  ISBN 978-7-5046-7804-1

  I. ①香… II. ①张… III. ①香料作物—栽培技术
IV. ① S573

中国版本图书馆 CIP 数据核字（2017）第 276107 号

策划编辑	刘　聪　王绍昱
责任编辑	刘　聪　王绍昱
装帧设计	中文天地
责任校对	焦　宁
责任印制	徐　飞

出　　版	中国科学技术出版社
发　　行	中国科学技术出版社发行部
地　　址	北京市海淀区中关村南大街16号
邮　　编	100081
发行电话	010-62173865
传　　真	010-62173081
网　　址	http://www.cspbooks.com.cn

开　　本	889mm×1194mm　1/32
字　　数	87千字
印　　张	3.75
版　　次	2018年1月第1版
印　　次	2018年1月第1次印刷
印　　刷	北京威远印刷有限公司
书　　号	ISBN 978-7-5046-7804-1 / S・687
定　　价	18.00元

C*ontents* 目 录

C*ontents* 目 录

一、莳 萝

莳萝，别名土茴香、时美中、莳黄椒、草茴香、野茴香、洋茴香、茴香草、刁草、慈谋勒。伞形科莳萝属 1～2 年生草本植物。原产地中海沿岸地区及印度、埃及等地，主产德国、西班牙和俄罗斯，现世界各地均有种植。莳萝在唐代时从丝绸之路传入我国，至今已有千余年的历史，但一直未得到大面积推广。

烹调中取莳萝干燥果实，粉碎物，精油和油树脂，叶作调味品，具有浓厚的茴香气味，清香，无刺激。多用于灌制中式香肠，且用量较大，味突出，是香肠中香辛料的主要成分，故也被误认为"具有浓厚香肠味"。莳萝含各种矿物质元素及维生素，芳香油的含量很高，其中绿叶中含莳萝精油 0.15%，种子中含 2%～4%，果实中含 3%～4%。莳萝精油的主要成分是藏茴香酮、柠檬萜、水芹菜萜等药用成分。

我国东北、西北等地有栽培，华南部分地区栽培较多，其他大城市郊区有零星种植。莳萝具有杀菌、镇静等作用，抗病虫害能力强，可作无公害蔬菜栽培。

（一）生物学特性

莳萝的生长周期约 80 天。全株具芳香气味。一般株高 50 厘米。浅根。未抽茎前，茎缩短；抽茎后，茎直立、光滑、无毛。基生叶具长柄。叶片为三回羽状分裂，裂片狭长，呈线状、绿色。花小，淡黄色，无花被。伞形花序。夏季开花，花期较短。果实为双悬果椭圆形，扁平，长 3～5 毫米。背棱与中棱微突起呈龙骨状，淡黄色，侧棱具狭翅呈扁带状，宽约 0.5 毫米，每棱槽中具一大型油管。合生面（腹面）有油管 2 条。种子较小，千粒重 1.11 克，可随风传播。发芽力可保持 3 年或以上。

蒔萝喜温暖湿润的气候，生长温度为 20～25℃，不耐高温干燥，也不耐寒。耐旱力略强。对土壤要求不严格，栽培时宜选肥沃、排灌方便、具有良好光照条件的地块。

（二）栽培技术

选阳光充足，肥力中等，排水通畅的沙壤土或壤土，深耕细耙后，作成 1.2～1.5 米宽的高畦。用种子繁殖，撒播或条播法：每 667 米^2 播种量：菜用 1.5～2 千克，调味用 0.8 千克，播后 10～15 天出苗，苗高 5～10 厘米浇水、追肥，株高 20～30 厘米时可一次性采收或间拔采收。7 月中下旬果实开始转黄褐色时整株割下，晒到七八成干时脱粒。春、秋雨季均可播种，北方在冬季也可利用日光温室栽培。播后保持土壤温润，若温度适宜，10～15 天出苗。苗高 15～20 厘米时，间苗，条播者每 5 厘米左右留苗 1 株。播后 30～40 天，苗高 20～30 厘米时，可分拔采收或一次采收完。以收种子为主的也可采收叶片，苗期可间拔过密苗上市，后期陆续采摘叶片。

（三）采　收

以作蔬菜食用者，播后 30～40 天，苗高 20～30 厘米时，可间拔采收或一次收完。一般春、夏季蒔萝果实未完全成熟时采茎叶和果实，茎叶和成熟的果实均可用水蒸气蒸馏后提取挥发性精油。蒔萝花期较长，种子成熟时间不一致，必须分批采摘。一般于 6 月中旬开始陆续采收，7 月上中旬采收结束。以收种子为主的也可采收叶片，苗期间拔过密苗上市，后期可陆续采收叶片。秋播的 10 月份开始采叶，南方可采收至 12 月份。采种田的蒔萝种子在 7 月中下旬成熟，在果实开始转黄褐色时整株割下，晒干脱粒。

二、香 菜

香菜，又叫芫荽、香荽、胡荽、莳香子、香菜子、香佩兰、延须菜或松须菜、园荽等。伞形科芫荽属1～2年生草本植物，以鲜嫩茎叶及种子供食用。原产于地中海沿岸及中亚，后来传入西亚，张骞出使西域时把他带入中原。现在我国南北各地都栽培。芫荽主要食嫩茎、叶和干燥成熟的果实。茎叶可作调味品，其品质以色泽青绿，香气浓郁，质地脆嫩，无黄叶、烂叶者为佳，干燥果实含油量达20%以上，可提炼芳香油。

据中国医学科学院卫生研究所（1983）分析，每100克食用部分鲜重含蛋白质2克，脂肪0.3克，碳水化合物6.9克，钙170毫克，磷49毫克，铁5.6毫克，钾631毫克，维生素A 3.77毫克，维生素B_1 0.14毫克，维生素B_2 0.15毫克，烟酸1.0毫克，维生素C 41毫克，是含钙、铁、钾、胡萝卜素、维生素B_1、维生素B_2及烟酸较多的蔬菜种类之一。芫荽中还含有α、β-十二烯醛和芫荽醇等挥发性香味物质，可作香料。

（一）生物学特性

芫荽属直根系、主根粗壮，白色，侧根较发达，主要分布在浅土层。营养生长期茎部短缩，子叶披针形，叶丛半直立，叶片薄，绿色或带淡紫色。叶柄细长，绿色或略带紫色。花茎顶端分枝，每个分枝顶端着生复伞形花序，每一个小伞形花序有3～9朵花。花型小，白色。双悬果，圆球形。

芫荽适应性较广，喜冷凉，耐寒力较强，能耐-8℃左右的

低温，待温度回升后仍可正常生长。生长适温为 17～20℃，超过 30℃时生长受到阻碍。

芫荽属长日照作物，但对光照长短要求不严，光照 12 小时以上仍能继续生长发育，在短日照下，需 13℃以下的较低温度才能抽薹开花。光照弱时，芫荽生长缓慢，植株矮，叶色浅，香味淡，产量低，品质差。

芫荽对土壤水分要求较严，不耐干旱，适宜在排水良好、疏松、肥沃、保水、保肥的土壤中栽培。

芫荽一年四季均可栽培，一般播种后 40～60 天即可收获。夏季气候炎热，芫荽易抽薹，产量和品质都受影响，所以多为春、秋季露天栽培。在日光温室、大棚、改良阳畦等设施中，芫荽作为利用地边、冷凉空隙地栽培，或与主栽作物间套作的速生蔬菜，已成为各地不可缺少的重要调味品蔬菜。

（二）主要品种

依叶片大小可分小叶、大叶两种。前者株高 30 厘米左右，叶片大，缺刻少而浅，叶柄长 16～20 厘米，产量高，香味淡，如泰国耐热大粒香菜，泰国翠绿香菜。小叶种，株高 20 厘米左右，叶片小，缺刻深，裂片多，叶柄长 15 厘米左右，耐寒，适应性强，产量低，香味浓。

1. 北京芫荽　北京地区农家品种，株高 30 厘米，叶片小、奇数羽状复叶，绿色，叶缘齿牙状，遇低温绿色变深或带紫晕。叶柄细长，浅绿色，柄基部近白色，叶片平滑，较薄，柔嫩，香味浓，耐寒性强，播种后 45～50 天即可收获。

2. 莱阳芫荽　山东莱阳地区农家品种，植株生长势较强，叶茂，组织柔嫩，叶绿色，较小，为奇数羽状复叶，株高 30 厘米以上，香味较浓，播后 45～50 天可收获。

3. 山东大叶　山东潍坊、烟台地区农家品种，株高 40～50 厘米，植株较直立，叶片大，叶色深绿，稍厚，叶柄长 12～13 厘米，浅紫色，植株嫩，香味浓，纤维少，耐寒性强，但耐热性稍差。

4. 紫花香菜　又叫紫梗香菜。植株矮小，塌地生长，植株高 7 厘米，开展度 14 厘米。早熟，播后 30 天左右即可食用。耐寒，抗寒力强，病虫害少，一般每 667 米² 产量 1 000 千克左右。

（三）栽培技术

1. 栽培季节　芫荽在我国北方地区春、夏、秋、冬四季都可以种植。芫荽也可以露地栽培、大棚栽培、遮阳网栽培。大棚栽培时，一般 9～10 月份直播，入冬前灌一次冻水，以利幼苗越冬。1 月份扣棚，1～2 月份无须通风透气。

2. 露地栽培

（1）春季栽培　一般 3 月下旬至 4 月上旬播种，播前需将种子（果实）用砖或布鞋底搓成两半，使双悬果分离。芫荽果实坚硬，小，易透水，发芽较慢，可浸种催芽后播种，也可干籽播。浸种催芽时将种子浸在 30℃温水中，泡 24 小时，捞出稍晾，然后放在 20～25℃条件下催芽，10 天左右可出芽。

播种可撒播或条播。撒播先平好畦，浇足底水，然后撒籽，覆土厚 1 厘米左右。条播时，在畦上按 15～20 厘米宽开沟，深 1 厘米，然后播种。一般每 667 米² 用种 4～5 千克，播后搂平踩实，浇透水。出苗后地温低，少浇水，多中耕，苗高 4～5 厘米时间苗除草。出苗后浇水，保持土壤湿润；苗高 10 厘米左右时，随水追施尿素 10～15 千克/667 米²，经 50 天左右，苗高 15～20 厘米时收获。芫荽迟收易发生抽薹，降低产量和品质，一般于 5 月下旬至 6 月下旬上市。

（2）夏季栽培　5～6 月份播种，7～8 月份采收。

北方不同地区 5～6 月份的温度有限大差异，种子处理方法及播种后的管理可灵活掌握。例如，陕西中部 5 月份平均最高气温为 25℃左右，6 月份平均最高气温已达到 31℃左右，播种前种子应进行低温浸种催芽。将双悬果搓散后用凉水浸泡 24 小时，

用纱布包好，放在冰箱的冷藏室中，低温控制在 10～14℃，每天淘洗 1 次，经 5～6 天便可发芽。有水井的地方，将种子包好吊在水面以上，催芽效果也很好。播种时，平均最高气温不超过 25℃的地区，可以只浸种不催芽。

前作收获后翻耕，每 667 米^{2}施腐熟有机肥 3 000 千克左右，耙糖整平后做 1.2～1.3 米宽的平畦，采用落水播种法。播种时，若温度偏高，可在畦面盖黑色遮阳网。每 667 米^{2}播种量 4 千克左右。

为防除杂草，在播种后至出苗前，每 667 米^{2}用 48% 地乐胺 150 毫升兑水 40 升喷洒畦面。出苗后，揭开遮阳网，搭小棚，将遮阳网盖在小棚上。

幼苗期浇水不宜过多，苗高达 10 厘米以后，进入旺盛生长期，要勤浇水，经常保持土壤湿润。结合浇水，每 667 米^{2}施尿素 10 千克。

一般出苗后 30 天、苗高 10 厘米以上时，便可间拔采收。采收后再追施 1 次尿素，每 667 米^{2}10 千克。如果是一次性采收，那么可在采收前 1 周用 20～25 毫克/千克赤霉素溶液加 0.5%～1% 的尿素混合液喷洒叶面，有提高产量和品质的作用。

（3）秋季栽培　秋芫荽可在 7 月下旬至 8 月中旬播种，多撒播，先平畦，播种后用平耙搂一遍，使种子与土壤混合后踩实，浇足水，出苗后苗高 3 厘米间苗，5～6 天浇 1 次水，隔 3 次水可追 1 次肥，每 667 米^{2}施尿素 10～15 千克，10 月中下旬至 11 月下旬收获。晚收的可进行短期冻藏，收时要带根挖起 3 厘米，摘除黄叶、烂叶等，整理好捆成小捆，将根朝下摆放在沟里，上盖旧棚膜，再盖上麦秸等保温膜，四周用潮土封严，待天气再寒冷时覆土 5 厘米，一般可贮藏到春节，去黄叶、干叶后上市。

（4）越冬栽培　8 月中旬至 9 月上旬播种，翌春抽薹前采收完毕。

越冬芫荽的生长期长达半年多，而且要经过 1 个冬季，保证安全越冬，减少死苗，是栽培技术的关键。其栽培技术要点如下。

第一，精细整地，做到土粒细，土面平。结合整地，施用腐熟有机肥作基肥，为培育壮苗打基础。

第二，适期播种。播期太早，越冬时苗太大，或播种太晚，越冬时苗太小，都使抗寒力降低，造成缺苗断垄，导致减产。适宜播期应安排在当地日平均气温下降到 20℃左右时。

第三，播种前用温水浸种 24 小时，沥去过多水分便可播种，也可在浸种后移至 20℃左右温度下催芽，待胚根露出时播种。每 667 米^{2}播种量 4.5 千克左右。

第四，冬季不太冷、越冬期死苗不严重的地区多采取撒播，最好用落水播法，使种子覆土厚度一致。冬季严寒地区宜采取条播，按行距 8～10 厘米开沟，深 2～3 厘米，播种后覆土，浇水。条播法种子覆土较厚，深度一致，有利于培养抗寒力较强的幼苗。

第五，冬前生长期适当控制浇水，使根系向土壤深层发展。及时间拔过密幼苗，防止徒长；结合浇水每 667 米^{2}施尿素 10 千克，叶面喷施 0.2%～0.3%磷酸二氢钾溶液。

第六，立冬以后进入越冬期，要做好防寒工作。冬季平均最低气温在 -10℃以下的地区于土壤开始结冻时浇水，然后在畦面上覆盖土粪或遮阳网，保湿增温。冬季严寒地区需加设风障。

第七，早春植株心叶开始生长后进入返青期，为了在抽薹前加速营养生长，当日平均气温稳定在 3℃左右时浇返青水，结合浇水施尿素，每 667 米^{2}施 15 千克。以后随气温上升增加浇水次数，并再施 1 次速效性氮肥。

3. 保护地栽培

（1）日光温室栽培　主要在秋冬季和冬春季栽培，可利用地边、空隙地种植，以及主要作物的前后茬、间套作等方法种植，在冷凉季可随时播种。芫荽在肥沃疏松、保水力强的土壤上生长良好。前茬作物收后，及时施肥整地，每 667 米^{2}施腐熟有机肥

3 000～4 000 千克，磷酸二铵 20～25 千克。播前将种子搓成两半，浸种催芽，浇水后播种，覆土 1 厘米，出苗后因地温较低，宜少浇水多中耕。苗高 3～4 厘米时，间苗除草，播种后温度开始稍高，白天 20～25℃，夜间 10～15℃。出苗后温度较低，白天 16～20℃，夜间 10℃左右。当苗生长加快时，要适当增加浇水次数，苗高 10～15 厘米追 1 次肥，每 667 米^{2}施尿素 15～20千克，一般播后 50 天左右、植株 20～30 厘米时即可开始采收。

（2）**大棚越冬栽培**　一般在 9 月下旬至 10 月中旬播种，晚播的要在播前播后及时扣膜增温，冬前晚播的要扣严棚膜，提温促进出苗。待苗 2 片叶时注意通风，11 月下旬要关严通风口保温，若棚内湿度过大，中午要开顶缝通风，但时间要短。翌年 2 月份返青后开始通风，并不断加大通风口，收获前白天温度22℃以下时，昼夜通风。大棚芫荽 11 月底至 12 月初，要浇好封冻水，并随水追施粪稀加尿素 10 千克，促使苗冬前生长健壮，增强抗寒力。翌春 2 月中旬浇返青水，以后每隔 7～10 天浇 1次水，并适当施肥，一般 3 月下旬至 4 月份就能收获上市。

（3）**夏季遮花阴冷凉栽培**　一般在 6 月上旬至 6 月下旬播种，在苗畦上搭遮阴防雨塑料棚，注意防涝排水，同时注意除草。

4. 香菜的家庭栽培

（1）**花盆的准备**　家庭栽培芫荽，用花盆就可以了，要求花盆口径要大一些，一般在 25 厘米以上。

（2）**处理种子**　播前一定要把种子搓一下，把原来的原粒种子都搓破；注意不要搓烂，如果搓烂，种子就会失去发芽能力。搓完种子后，播到花盆里，播种量多些少些均可；播种量大了，以后间苗拔除就行了。

（3）**管理**　主要是浇水，不可浇水太勤，以防死苗。

5. 香菜采收标准　香菜采收标准不严格，一般播后 50～60天、最大叶长达 30～40 厘米时为适宜采收期。采收时应带 1.5～2 厘米长的根，挖起，抖去泥上，摘除枯黄烂叶，预贮在背阳

的浅沟中，上面盖一层薄土保湿。香菜耐寒性强，贮藏温度要求 $-1\sim0℃$，空气成分中氧气含量为 $3\%\sim5\%$，二氧化碳为 $3\%\sim5\%$，相对湿度 $90\%\sim95\%$。采收后应立即放在低温高湿环境中预贮。

6. 留种　一般采种田 8 月中下旬播种，土壤结冻前浇 1 遍封冻水，之后用麦秸或其他干草覆盖防寒，翌年 3 月初除去覆盖物，返青后松土，抽薹后控制浇水，6 月中下旬种子成熟后收获。芫荽为双悬果，圆球形，表面淡黄色至棕色，当其开始变硬时，即花序中部种子呈黄褐色时采收，摘下果穗，脱粒后晒干。

（四）保鲜加工与贮藏

1. 保　鲜

第一，挑选棵大、颜色鲜绿、带根的香菜，捆成 500 克左右的小捆，外包一层纸（不可用报纸等有异味的纸），不见绿叶为好，装入塑料袋中，松散地扎上袋口。让香菜根朝下、叶朝上将袋置于阴凉处，随吃随取。用此法贮藏香菜可使香菜在 $7\sim10$ 天内菜叶鲜嫩如初。

第二，长期贮藏香菜，可将香菜根部切除，摘去老叶、黄叶，摊开晒干 $1\sim2$ 天，然后编成辫儿，挂在阴凉处风干。食用时用温开水浸泡即可，香菜色绿不黄，香味犹存。

第三，把新鲜香菜的根部浸入食盐沸水中，半分钟后全部浸入，约 10 秒钟，待叶迅速变成翠绿时取出，挂起来阴干，然后剪成 1 厘米长的小段，装入带盖的玻璃瓶或瓷罐中。食用时可以直接撒入汤锅，或先用少量沸水泡一下，其味芳香，与鲜菜几乎无异。

2. 加　工

第一，选棵大、壮、颜色鲜绿、无病虫害的芫荽植株，收获时应留根 $1.5\sim2$ 厘米，除去带有病、伤、黄叶的香菜，捆成 500 克左右的小捆，上架预冷，在库温 $0℃$ 条件下预冷 $12\sim24$

小时，当温度达到0℃时可袋装。

第二，装袋及管理。将加工预冷后的芫荽装入长100厘米、宽85厘米、厚0.08毫米的聚乙烯塑料袋，每袋装8千克，紧扎袋口上架，将温度控制在0℃，当袋内二氧化碳浓度上升到7%～8%时开袋放气，使二氧化碳浓度为0～8%，氧气浓度为8%，用这种方法贮存损耗仅5%左右。

3. 贮 藏 法

（1）活贮法　香菜活贮可分温床活贮和温室活贮两种。

①温床活贮法　选择耐贮品种，并控制播种时期，一般在7月中下旬播种。适时扣床对贮藏成败关系极大：扣床早了床内温度高，香菜往往继续生长，下部叶子易变黄；扣床晚了，香菜容易受冻，一般立冬后至土壤结冻前收获。气温0℃时是温床活贮扣床的最佳时期。扣床后用泥把床缝抹严，防止透风，随即盖上草苫，白天也不打开，防止太阳光照射到床内。否则，会因温度忽高忽低造成又冻又化的局面。

温床活窖贮藏时，首先要求在床坑四周架好风障，既可防风，又可防止人、畜祸害。贮藏管理的关键是根据气温的变化随时加盖草苫，草苫防寒保温，可使芫荽处于既不生长，又不冻死的状态。活窖结束前5～7天，选择气温较高的晴天，白天中午打开草苫，让阳光射到床内，下午3时后再盖草苫，这样反复4～5天，香菜便可立起来。在床土解冻3厘米左右时，芫荽就可收获上市。一个20米²的温床可产香菜130千克左右。

②温室活贮法　温室活贮香菜法比温床好，一般可在8月上旬播种，当室内气温稳定降到0℃时须盖草苫，昼夜均不再打开。当外界气温回暖时，要打开门窗通风降温，防止香菜热伤。当气温骤然降低时，可生火加温防寒。上市前3～4天，白天揭开草苫，下午盖上，缓慢提高温室的温度，促进缓菜。1栋180米²的温室可产香菜800千克左右。

（2）窖藏法　香菜的窖藏可分堆藏和隙藏。大量贮藏时一般

采用堆藏，堆高 25～30 厘米。入窖初期可把香菜堆放在菜窖两道大门之间的过道或离窖门、气窗较近处，以便通风。11 月中旬以后可移到菜窖内。隙藏是在窖内白菜缝隙间贮藏香菜，因白菜窖内温度为 0℃左右，加上白菜体内含水量大，因而适合香菜低温、高湿的条件。贮藏期间，应控制窖内温度不超过 5℃，否则香菜叶子容易变黄腐烂。

（3）辫藏　晚秋时，将香菜摘去黄叶、烂叶，阴凉几小时，当菜体柔软后编成辫子，挂放阴凉处，食用前温水浸泡 1～2 小时，再用清水漂洗几遍，则色泽如初，味道鲜美，香味不减。

（4）冻藏　东北各地多采用冻藏，一般采用通风沟冻藏。在风障、温室或立壕北侧的遮阳处挖一个宽、深各 20 厘米或宽 70～100 厘米、深 30～70 厘米的深沟。在沟底顺沟长方向挖 1～3 条宽、深各 20～25 厘米的通风道，通风道两侧穿过窖沟到地面上，通风道上面稀疏横放些草层、秫秸，把香菜放在上面贮藏。供贮藏的香菜，播期应比直接上市的晚几天，收获期也应晚些。一般在早晚地面结冻、中午融冻时收获。采收的香菜去掉泥土，摘去黄叶，1～1.5 千克捆成把或撒放在沟内，根朝下，叶面撒 1 层沙土或沟面上盖 1 层秫秸，以后随气温的下降，分 2～3 次加覆盖物，覆盖物厚度 20～25 厘米。严冬季节可再在上面加盖草苫，沟内温度保持在 −5～−4℃，使香菜叶片冻结而根部不冻，此法可贮藏到翌年 2 月底。香菜出窖后要缓慢解冻，不能急躁。

（5）冷库贮藏　选棵大、株粗的植株，采收时留根 1.5～2 厘米，收后切勿受热，及时加工处理，剔除病伤等黄叶，捆成 0.5 千克左右的小捆。上架预冷，在库温 0℃条件下预冷 12～24 小时，当菜温达 0℃时即可装袋冷藏。贮藏期间不用开袋通风，袋内二氧化碳浓度均值为 7%～8%，库温最好恒定在 −1.5～1℃，不能过低。气调冷藏可贮至翌年 5 月份，效果很好。

三、罗　勒

罗勒，俗称毛罗勒、九层塔、驱蚊草、省头草、鸭香、甜罗勒、零陵香（茶）、气香草、香草、兰香、矮糠、省头菜、光明子、西王母菜，菜板草、假苏、二矮糠、五香薄荷、巴西香草、西王菜、金不换、圣约瑟夫草、黍佩兰等，为唇形花科罗勒属一年生草本植物。罗勒属植物有60多个科，包括具有芳香气味的矮灌木和草本植物，原产于非洲和亚洲热带、美洲及太平洋半岛，16世纪前后由印度传到欧洲，广泛栽培于地中海沿岸地区、爪哇、西塞尔、留尼旺群岛、佛罗里达及摩洛哥。现广泛分布于亚洲、欧洲、非洲及美洲的热带地区，被印度人视为神圣的香草。目前在欧美是一种很常见的香辛调味蔬菜，在做菜或加工中常用到。罗勒在我国的栽培利用也有着悠久的历史，北魏《齐民要术》就有栽培和加工方法的记载，并认为食后有消暑、解毒、健胃活血之功效，主产于河北、陕西、河南、安徽及华东、华中等地。广东、香港地区的人常吃，但目前利用较少，开发利用的范围和深度远不及欧美国家。

罗勒的味道似丁香和松针的综合体，主要食用嫩茎梢及花穗，西餐中用在肉类罐头和焙烤食品中作调味品。如将叶片洗净切丝，放入凉拌番茄上调味，红绿相间，令人胃口大增。叶片可调制凉菜或做汤，略带薄荷味，甜中带辣。罗勒营养相当丰富，其中含钾很高，还有许多矿物质元素，硒也较高，并含芳香挥发油等。果实含蛋白质、脂肪、碳水化合物等。全草均可入药，味香辛，性温，具有发汗解表、祛风利湿，消食、散瘀止痛，清利

头目，透疹利咽的功效，可治风寒感冒、头痛、胃腹胀满、消化不良、胃痛、肠炎腹泻、月经不调、跌打损伤、蛇虫咬伤、湿疹、皮炎、皮肤湿疮、瘾疹瘙痒等。其籽又名光明子，质坚硬，富含油质，性味甘、辛、凉，主治目昏浮翳，多眵及口臭、齿黑、走马疳等症。鲜罗勒采后生食或做菜可消食理气；捣烂取汁，加蔗糖温服，治反胃呕吐；罗勒加生姜，切片水煎服，治风寒感冒，头痛胸闷。用水煎汤擦洗患处，治湿疹，风湿性关节痛。鲜罗勒捣汁，含服，治口臭。开花时直接剪下制成干燥花，有驱赶蚊蝇的功效。

（一）生物学特性

罗勒为 1 年生草本植物，全株被稀疏柔毛，不同种、变种或品种在植物学特征上略有差异，一般株高 20～100 厘米。茎紫色或青色，四棱形，多分枝；叶对生，卵圆形；花分层轮生，每层有苞叶 2 枚，花 6 朵，形成轮伞花序；每一花茎有轮伞花序 6～10 层。花萼筒状，宿萼，花冠唇形，白色、淡紫色或紫色，雄蕊 4 枚，柱头 1 枚。每花能形成小坚果 4 枚。坚果黑褐色，椭圆形，遇水后种子表面形成黏液物质，千粒重 1.25～2 克，发芽可保持 8 年。温室鸡心瓶中 40 个月发芽率可达 81%。喜温暖、湿润的环境，耐热、耐旱，对土壤要求不严格，宜在土层深厚、疏松、富含有机质的壤土中生长。发芽的温度范围为 15～30℃、最适温度 25～30℃，生长适温 25～28℃，低于 18℃生长缓慢，低于 10℃停止生长。在适温和长日照下采收期长，产量高；低温和短日照下极易抽薹。罗勒的再生力很强，摘取嫩茎叶后，很快可长出新枝叶。

罗勒生长季节较长，苗高 6～7 厘米时开始间拔幼苗食用，至茎高 20 厘米时，可连续采摘嫩茎叶食用。一般 7 月份开花，8 月上旬果实成熟。罗勒野生于阴湿处，分布于云南、四川、广东、台湾、湖北、河南、山西、辽宁等地。喜温暖环境，耐热、耐旱，不耐涝，较耐瘠薄。

（二）品种类型

罗勒属的变种及品种繁多，全世界有 150 多个品种，现对常见品种进行介绍。

1. 甜罗勒 又名兰香，香菜，丁香罗勒，紫苏蒲荷，为目前栽培最普遍的品种。主产地为美国加州、西班牙、意大利、法国、埃及、保加利亚。以食用幼嫩茎叶为主的 1 年生草本植物。矮生，形成紧实的植株丛，株高 25～30 厘米。叶片亮绿色，长 2.5～2.7 厘米。花白色，花茎较长，分层较多。芳香味极佳，非常适合厨房料理。

2. 大叶紫罗勒 株高及其他特性同甜罗勒，但其茎叶深紫色至棕色，花紫色。

3. 矮生罗勒 植株较矮小，密生，分枝状况比甜罗勒多。叶片小，花白色。

4. 绿罗勒 植株绿色，比较适合种植在花盆中，因其鲜嫩，明快的翠绿色和特殊的芳香气味很受人们的欢迎。花簇生，数量很大，形成很小的花簇，花色由玫瑰色至白色。

5. 密生罗勒 能够形成大量枝条，整个植株十分繁密，外形为紧密、翠绿色的圆球状体。

6. 东印度罗勒 从植株底部分枝，全株形似金字塔。株高 50～60 厘米，开展度 30～40 厘米。叶片长椭圆形，先端尖，具锯齿。花淡紫色，在植株顶端形成不规则的穗状花序。具有很浓的柠檬香气，喜温。

7. 姝丽 黑龙江省农业科学院 1998 年从韩国引进的白花罗勒，自交多代后栽培性状并无分离、退化等现象，性状稳定，定名姝丽。姝丽为多年生草本植物，全株具香气。株高 70～110 厘米，开展度 50～60 厘米，茎粗 0.7～0.8 厘米，四棱形，中间凹陷；叶卵圆形，前端及叶缘有锯齿状；叶片绿色，叶面平滑，

叶背淡紫色；叶对生，每个叶腋均有分枝，分枝生长快而强盛；花开茎顶，花茎四棱形，花分层轮生，每层有苞叶6枚，花6朵，形成轮伞花序；每一花茎，一般有轮伞花序6～8层。花萼筒状，花冠唇形、淡紫色，每朵花能形成种子4枚。种子褐色，椭圆形，千粒重1.2克左右。雌雄同花，自花授粉，秋后结种。种子生命力很强，3～5年的种子均能正常发芽。哈尔滨地区晚霜后一般在5月中下旬露地直播，室内盆栽可随时播种。

　　姝丽可用于盆栽及观赏栽培，置室内，香气四溢，同时具有净化空气、提神醒脑功效。阳光下绿色叶片光泽闪烁，夏、秋季节开淡紫色花朵，花生茎顶，呈轮伞花序，层层相叠如宝塔状，故又名"九层塔"，具有很好的观赏价值。

（三）栽培技术

　　整地前每667米²施腐熟有机肥2 000千克，深翻整平，做成长7～10米、宽1.2～1.5米的高畦或平畦。罗勒为1年生或多年生植物，3～4月份播种，6月份开花，7～8月份采种。露地应在无霜季节栽培，菜用多以春季栽培最适宜。种子繁殖或扦插繁殖。通常采用播种育苗，以春、秋季节播种最合适，低温期则生长缓慢；多撒播，也可育苗移栽，苗高5厘米左右时移栽，株行距50厘米×35厘米，单株定植。

　　应及时浇水并进行中耕除草。每次采收后结合浇水追施氮肥。播后45～60天、苗高6～7厘米时，即可间拔幼苗供食，主茎高20～30厘米时可采摘幼嫩茎叶食用，陆续采收一直到8月下旬，一般间隔10～20天采收1次。

　　盆栽的罗勒可用1份菜园沙壤、1份落叶和鸡粪堆沤成的有机混合肥装盒，盆底放豆腐渣或少许膨化鸡粪作基肥，种植后浇透水，置半阴处1～2天后移至阳光下。保持湿润，缓苗后见干才浇水。每次采后可酌补肥料，肥后浇水，至开花后叶片变老，不再采收嫩梢，任其开花结实。

（四）采收与加工

播种后 45～60 天即可采收，到秋天为止，可采多次。第一次采顶端 4 对叶片的嫩茎叶，以后再采侧枝的嫩茎叶，每次采收留基部 1～2 节，促使生新芽。一般每周收 1 次，直至抽穗开花。采收可用剪刀等工具或用手直接摘取。手摘时控制在节的上部摘取，可促使侧芽很快长出。嫩梢可生食或熟食。食用前需先用清水洗洗，将叶放入水中轻扫一下即可捞起，浸入太久或用力清洗，香味易流失。罗勒不耐贮藏，采后即上市；也可采后等水分稍干或直接装塑料袋内，温度在 5℃ 中预冷后再放在 2℃ 中，可保存 1 周。烘干会使罗勒香气逸失。罗勒成长快，产量高，3～4 株的产量可达到 2 千克左右。留种时可打顶促发侧枝，不采收嫩茎叶。

罗勒夏秋采收全草，鲜用或切细晒干供用。作药用的茎叶在 7～8 月份采收，割收全草，晒干即可。种子采收在 8～9 月份花穗变黄褐时割取全草，后熟 11 天，打下种子即可。精油可用水蒸气蒸馏提取，得油率为 0.1%～0.12%。目前国外较有名的精油有地中海产罗勒油和留尼旺产罗勒油，美国用于香料的罗勒达 9 000 多千克。

（五）利　用

罗勒嫩茎叶洗净后可夹在果酱面包内生食，也可在烙饼上抹上酱夹入洗净的菜食用，风味清香。嫩茎叶用沸水焯后捞出，切碎，加盐、味精、蚝油、香油凉拌食用，或洗净后直接与肉丝炒食，或与其他蔬菜一起炒食。水烧沸，把瘦肉丸挤锅中汆熟，加入罗勒茎叶，盐，味精，葱花，姜末，香油即可出锅，此汤鲜嫩味浓。也可用发好的面团，把馅填入，做成馅饼，放入锅中烤熟即可。

1. 凉拌罗勒　罗勒鲜嫩茎叶 300 克，精盐、酱油、味精、

麻油各适量。将罗勒摘洗干净，放入刚煮沸的水里焯透，捞出，控干水分，切段，直接放入盘内，加入精盐、酱油、味精、麻油，拌匀后即可食用。此菜清凉爽口，有疏风行气，化湿消食的功效。

2. 罗勒馅饼　罗勒鲜嫩茎叶 300 克，面粉 500 克，精盐、姜末、猪油、发酵粉各适量。将罗勒摘洗干净，切碎，放入盆内，加入精盐、姜末、猪油拌匀成馅。面粉中放入适量发酵粉，加水和匀，使其发酵，揉匀后做成 5 个面剂，制成 5 个馅饼。将馅饼放入平锅内烤熟即成。此饼具有疏表、散风热的功效。

3. 罗勒鸡蛋汤　罗勒鲜嫩茎叶 300 克，鸡蛋 4 只，姜丝、葱段、精盐、味精、花生油、醋、香油、鸡汤各适量。将罗勒择洗干净，沥干水分；鸡蛋打入碗内搅匀；葱、姜洗净，姜切成丝、葱切成段。汤锅置旺火上，放入花生油烧热，加入葱段、姜丝煸炒出香味，注入鸡汤煮沸，投入罗勒，加入精盐，再煮沸，淋入醋、鸡蛋液，搅匀；点入味精，盛入碗内，淋上香油即成。此汤鲜嫩味美，具清热、调中消食之功效。

四、胡芦巴

胡芦巴，别名芦巴子、芦巴、胡巴、香豆、苦草、香早子、香草、苦豆、芳草、小木夏等，为豆科 1 年生草本。据传，张骞通西域时作为香料植物引入我国，香料以干燥种子、粉碎物、酊剂和油脂为食。精油含量很低，一般小于 0.02%，但气息极尖刻。种子含大量甘露半乳糖、胡芦巴碱、胆碱、挥发油、蛋白质、胡芦巴苷 I 和 II、胡芦巴黄苷、牡荆素、异牡荆素、牡荆索葡萄糖苷、槲皮素、胆甾醇、p-谷甾醇、油酸、亚油酸、棕榈酸、月桂酸及多种皂苷。烹调中取其茎叶及种子作调味品，其香气似川芎，芳香浓郁，回味稍苦。主要呈味物质为已醇、庚酮、庚醛、桉叶油素、樟脑、丁香酚、百里酚等。全草干后香气浓郁。原产于印度和伊朗，现在世界各地都有。我国主产黑龙江、吉林、辽宁、河北、河南、安徽、浙江、湖北、四川、贵州、云南、陕西、甘肃及新疆等省（自治区），尤以安徽、四川、河南为多。近年来宁夏自治区普遍栽培。使用部位为干燥成熟的种子，磨碎后可作食品调料；茎叶晒干、磨碎后也可作调料，全草干后香气浓郁，略带苦味，性温。

（一）生物学性状

为 1 年生草本植物，茎直立。株高 25～80 厘米，全株有香气。茎多分枝，被白色疏茸毛，叶具 3 小叶，中间小叶倒卵形或倒披针形，长 1～3.5 厘米、宽 0.5～1.5 厘米，先端钝圆，两面均被疏柔毛，侧生小叶略小，叶柄长 1～4 厘米；托叶与叶柄连合，呈宽三角形。花 1～2 朵，腋生，无梗；花萼筒状，有白色柔毛，萼齿 5 个，披针形；花冠蝶形、白色，基部略带紫色，长约为花萼的 2 倍；雄蕊 10 枚，9 枚连合，1 枚分离；子房线形，柱头小，向一侧稍弯。荚果条状圆筒形，长 5.5～13 厘米，直径 0.3～0.5 厘米，先端成尾状，直或略弯，有疏柔毛，具明显的纵网脉；果为荚果，细长扁圆筒状，稍弯曲。果内种子 10～20 粒，略呈斜方形或矩形，长 3～4 毫米，宽 2～3 毫米，厚约 2 毫米。表面黄绿色或黄棕色，平滑，两侧各具深斜沟 1 条，相交处有点状种脐。质坚硬，不易破碎。种皮薄，胚乳呈半透明状，具黏性；子叶 2 个，淡黄色，胚根弯曲，肥大而长。气香，味微苦。

性喜温暖干燥的气候，耐旱力较强。在南方，一般于上一年秋季 10～11 月份播种。播种后经过 10～20 天出苗，冬季气温下降时生长较慢。3～4 月份气温上升，生长加速，从中部叶腋中伸出 1～2 朵蝶形花，5～6 月份气温较高，降雨多时，荚果开始成熟，整个生长周期为 210～240 天。由于北方冬季严寒，结冻早，解冻晚，易遭冻害，所以多在春季解冻后的 3～4 月份播种，6～7 月份开花，8～9 月份种子成熟，整个生长周期为 180～200 天。

该品种对土壤要求不严，一般以排水良好、肥沃疏松的砂壤土为佳。在生长期中，不能过干过湿，从播种到果熟都需要日照，才能生长良好，故应选择向阳的地方栽培。

（二）栽培技术

选疏松、肥沃、排水良好的沙壤土或壤土地耕翻，拣除石块草根，整平细碎土块，然后做畦。我国南方因雨水较多，土内湿度大，宜用高畦，一般畦宽 1.3 米，沟宽 30 厘米，深 20～25 厘米。若是小块土地，畦宽可适当放宽为 2 米左右。北方因雨少，气候干燥，土内湿度较小，可采用平畦或低畦。将畦做好后，可在畦面上撒施基肥。用种子繁殖时，播前晒种 1～2 天，每天

3～4 小时。播种时要用种子量 0.3% 的多菌灵等杀菌剂拌种。淮北地区的适宜播期为寒露至霜降期，即 10 月 8～23 日。播种宜择晴天，条播、点播、撒播均可，但以机器条播最好。一般每公顷播种 30～45 千克，播幅 20 厘米左右，播深 3～5 厘米。气候较凉的北方地区以春播（即 4 月份至 5 月上旬）为宜。一般采取人工穴播或条播。穴播时，在畦上按穴行距 30 厘米×30 厘米挖穴，穴深 6～9 厘米，每穴下种 6～10 粒，播后于穴中覆细土或土杂肥。条播时，在畦上横开播种沟，行距 20～25 厘米，沟深 10～15 厘米，将种子均匀播于沟中，播后盖细土或杂肥，盖没种子。

播后 30 天左右，苗高 3～10 厘米时除草，间苗、补苗，每穴留壮苗 3～5 株。条播的株距为 5～7 厘米留苗 1 株。苗高 10～15 厘米时，浅锄土表，除尽杂草，并施人畜粪水提苗。至开花前期，再行清沟培土，防止倒伏。

冬季至开春如遇干旱应及时浇水。开春后中耕除草，返青期要防治白粉病、蚜虫和地老虎等。初花期植株有旺长的要喷施多效唑矮化植株，防止倒伏。结荚期是胡芦巴的需水高峰期，要求土壤相对含水量在 75% 以上，因此遇旱时要及时灌溉，满足结荚灌浆对水分的需要。

（三）采收与利用

1. 采收　大田收获时期，在南方于 6～7 月份，北方 9～10 月份，全田植株由绿变黄，下部荚果变黄时，用刀齐地割下。割后放田间或通风处后熟，干燥后及时脱粒、晒干。胡芦巴籽易吸潮变质，影响出芽及品质，贮藏时要注意防潮。

嫩叶的采收可结合间苗进行。株高 20 厘米后可随需要陆续摘叶。采摘叶片时应留 1～2 厘米叶柄，以免伤及茎基而影响生长。葫芦巴作调料用时，在开花期一次性收割，阴干后磨碎，收藏备用。收获香豆时，在葫芦巴植株荚果有半数开始转黄时全株

割下，堆放后熟1周，再摊开晒至干，打落种子，除去杂质，收藏备用。

2. 利　用

（1）作调料　胡芦巴茎、叶、种子干制磨粉后入肴调味，可赋香添味，去膻解腥，增进食欲。在我国西北地区，常将胡芦巴茎叶粉卷入面团中，制成花卷、馒头、锅饼、烙饼等面食，或做面条、凉皮、凉粉等食物的调味品，还可与辣椒面加热油，制成香辛咸苦、风味独特的油泼辣子。葫芦巴是印度人最喜欢使用的烹调香料之一，中国、美国、英国和东南亚也有应用。印度人主要将其用于咖啡粉的调配，制作印度式的酸辣酱（由苹果、番茄、辣椒、糖、醋、葱、姜、葫芦巴等香料组成），或猪肉等的炖煮作料。英国将它与其他香辛料配合用于蛋黄酱，使口感柔和多味，也将其用于腌制品和烘烤食品的调料。葫芦巴萃取物可用于口香糖、糖果及仿槭树风味和老姆酒风味的饮料，或用于配制烟用香精。欧美及地中海地区以它的种子作香辛料，现多用于制造果酱和咖喱粉，也常用于糖果、甜点及饮料中。目前，国外用葫芦巴的茎、叶配制咖喱粉、糖浆等。种子烘炒研磨后可制成咖啡代用品。

胡芦巴种子营养丰富，蛋白质含量达27%～35%，还富含碳水化合物、淀粉、纤维素和矿物质等，可作为药用食品香料，许多国家把它列为改善营养不良的辅助食品。干茎叶可作为食品调味料，是制作咖啡粉的原料之一；另外，还可广泛用于焙烤食品、酱腌菜，作为调味品。在巴基斯坦，葫芦巴是作为蔬菜栽培，用叶片作色拉，或把叶片切碎放于番茄之类的果菜上作调味用。新鲜葫芦巴含维生素C量极高，50克鲜叶足以补充一个成年重体力劳动者1天所需要的维生素C量，是一种营养价值较高的新型生吃蔬菜。此外，胡芦巴酊可用于配制香精，是食用天然香精之一，也可加入烟草中；胡芦巴浸膏是化妆品的加香原料。胡芦巴茎叶还可作饲料用。

（2）**作药用** 以种子入药，味苦性温。归肾经，有补肾阳，祛寒止痛的功能。据文献记载，我国在北宋初年，始以其种子作为治疗"元脏虚冷气""肾虚冷，腹肋涨满，面色青黑"的常用药而载入《嘉佑本草》。明朝时，李时珍在《本草纲目》中认定，其种子味"苦，大温，无毒"，能"益右肾，暖丹田"，对治疗"小肠气痛""肾脏虚冷""冷气疝""气攻头痛"等疾病有明显功效。《中国药典》将其作为"温肾"药物，祛寒、止痛，为治疗肾脏虚冷、小腹冷痛、小肠疝气、寒湿脚气的主要药物。现代中医还用其治疗慢性肾炎。国内外最新药理研究表明：胡芦巴种子所含的半乳甘露聚糖类的黏液质和甾体皂苷类有降低血糖、利尿、消炎等活性。其种子所含的番木瓜碱对淋巴性白血病有显著的抗癌活性。番木瓜碱还可引起家兔血压下降及血管舒张。胡芦巴种子除上述用途外还是工业原料，其产业涉及医药、功能保健食品、工业原料、饲料加工等领域。

五、辣　椒

　　辣椒，又名辣茄、番椒、海椒、线椒、秦椒、甜椒、菜椒、青椒、香椒、辣子，为茄科辣椒属的1年生或多年生植物，草本或灌木。

　　起源于中南美洲热带的墨西哥、秘鲁、玻利维亚等地，1642年哥伦布发现新大陆后于1643年将其带回西班牙，16世纪末传入日本，17世纪传入东南亚各国。我国辣椒的最早记载见于明代高镰的《草花谱》（1591），称之为"番椒"。辣椒一名最早见于《柳州府志》（1764）。清代的《汉中府志》则有关于牛角椒、朝天椒的记述。甜椒至近代才传入我国。目前，中国已成为世界最大的辣椒生产国，据农业部大宗蔬菜体系统计，近年我国辣椒年种植面积在150万～200万公顷，占全国蔬菜总播种面积的8%～10%，居全国首位。辣椒全国各地都有栽培，其中主要栽培地区为湖南、四川、河南、贵州、江西、陕西、山东、安徽、湖北、江苏、河北及云南等地，近年来广东、海南、广西、福建等地则大力发展反季节栽培，成为秋、冬季节辣椒北运的主要产区。特别是云南文山小米椒种植面积达4.7万公顷，为云南省最大的小米椒原料生产基地。辣椒的类型和品种较多，以果实形状可分圆筒灯笼椒类、长圆锥形羊角椒类和圆锥形椒类。一般圆形灯笼椒是甜椒，长圆锥形羊角椒大多是半辛辣椒，圆锥形辣椒都是辛辣椒。辣椒的果实多为绿色，成熟时为红色或黄色，近年来已种出红、橙、黄、绿、白、墨绿、紫多种颜色的辣椒。

　　辣椒果实含有丰富的蛋白质、碳水化合物、有机酸、维生素

及多种矿物质，有很高的营养价值，尤其是维生素 C 的含量堪称蔬菜之最，每 100 克鲜果含量为 73～342 毫克。辣椒素适量食用可以促进胃液分泌，增进食欲，帮助消化。辣椒已成为城乡人民生活中的重要蔬菜之一。搞好辣椒生产不仅可提高农民收入，而且对增加国家出口创汇也有重要意义。

（一）生物学特性

1. 形态特征　与番茄、茄子相比，辣椒根系不发达，根系再生能力弱，根群主要分布在 30 厘米的土层中。茎直立，黄绿色或紫色，基部木质化，分枝力强，且较有规律。一般为双杈分枝，也有三杈分枝。绝大多数品种主茎长到 5～15 片叶时，顶端现蕾，花蕾以下 2～3 节生出 2～3 个侧枝，果实着生在分杈处；但生长至上层后，由于果实生长的影响，分枝规律有所改变。簇生椒主茎生长至一定叶数后顶部发生花簇封顶，多数果实在植株顶部形成；花簇下面的腋芽抽生分枝，分枝的叶腋还可能发生副侧枝，在侧枝和副侧枝的顶端都形成花簇封顶，但多不结果。辣椒叶为单叶互生，卵圆形、披针形或椭圆形，全缘，先端尖，叶面光滑，微具光泽。

辣椒雌雄同花，为常异交植物，虫媒花，天然杂交率因种类和品种而异，一般为 7%～37%。花器较小，单生或丛生 1～3 朵，花冠白或绿白色。果实为浆果，果皮肉质。果形有长（短）羊角形、长（短）圆锥形、长（短）指形、长（方或不规则）灯笼形、扁圆形、萝卜角来形、针形、麦粒形等。果实在茎上的着生状态有下垂、向上、侧生和混生。青熟果色为橙、乳黄、浅黄绿、浅绿、绿、深绿、墨绿和黑紫，老熟果色常有深红、暗红、鲜红和黄色等。种子肾形，淡黄色，胚珠弯曲，千粒重 4.5～7.5 克，种子寿命 3～7 年。

2. 生长发育期　辣椒的生育周期包括发芽期、幼苗期和开花结果期 3 个时期。

（1）**发芽期** 从种子萌动到真叶显露为发芽期。这一时期的顺利完成主要取决于温度、湿度和气体条件。发芽期要求的适温为 25℃，土壤空气含氧量应在 10% 以上，苗床土壤相对含水量 70%～80%。

（2）**幼苗期** 从真叶显露到第一花现蕾为幼苗期。幼苗期要完成基本营养生长和花芽分化，因此，提供适宜的环境条件是培育壮苗的基本措施。这一时期幼苗生长适温白天 25～30℃，夜间 20～25℃。当 2 片真叶展开时，应提供较短的日照和较低的夜温，促进花芽分化。

（3）**开花结果期** 从第一花现蕾至拉秧为开花结果期。这一时期的前期（从第一花现蕾至第一果坐果），应适当控水，防止落花；此后进入结果期，应加强肥水管理和防治病虫害，保护好叶片，保持植株的生长，协调营养生长和生殖生长的关系，促进秧、果并旺，延长采果期。

3. 对环境条件的要求

（1）**温度** 辣椒属喜温蔬菜，发芽期以 25℃为宜，低于 15℃不能发芽。幼苗期要求较高温度，白天以 25～30℃，夜间 20～25℃。开花、授粉的适宜温度是白天 20～25℃，夜间 15～20℃，低于 10℃授粉困难，易引起落花落果。进入结果期后，对温度的适应能力逐渐增强，夜温即使降至 10℃以下，仍能正常开花结果；高于 35℃时，花器发育不全，或柱头干枯不能受精。一般来说，小果型品种对高温和低温的适应能力比大果型品种强。

（2）**光照** 辣椒对日照长短不敏感，光饱和点也较低，仅 3 万勒，日照过强，易引起日灼病。但辣椒生长期，尤其是开花结果期要求干燥的空气和充足的光照，阴雨天光照不足时，授粉不良，结果少，成熟慢。

（3）**水分** 辣椒不耐旱，不耐涝。单株需水量不太多，但由于根系不发达，必须经常供给充足的水分，尤其是大果型品种，对水分要求更加严格。短期淹水，植株会萎蔫，严重时导致死亡。在土壤湿润、空气干燥（空气相对湿度55%～60%）环境下，最适合辣椒生长。

（4）**养分**　辣椒对土壤营养要求较高。如营养不良，尤其氮素不足或磷肥不足，常导致大量落花、落蕾、落果。辣椒要求氮、磷、钾三元素并重。试验表明，当氮与钾的浓度相近，而钾略多时，果实肥大的促进作用明显。因此，栽培中以收红辣椒为主时，钾的用量可以比氮多些；而以收青椒为主时，钾比氮少些好，否则茎叶发育不良。磷主要影响花的品质，所以植株生育中期以前不可缺磷。

（5）**土壤**　辣椒对土壤的要求不严格，一般沙土、黏土均可栽培，而以土壤肥沃、土层深厚、排水良好的壤土为佳。

（二）类型和品种

辣椒的品种很多，可分为干（线）椒和青椒两类。前者以生产辣椒干和加工为主，后者主要用于鲜食。

（1）**8819线椒**　陕西省辣椒育种协作组选育，早熟。植株长势健壮，株高50～60厘米，株幅约40厘米，株型紧凑。叶片厚实深绿，果实簇生，线状，果长15.2厘米左右，横径1.25厘米。嫩果绿色，完熟后色泽鲜红发亮，辣味强，品质好，高抗病毒病、白星病、炭疽病和枯萎病，适应性强。每667米² 产干椒250～300千克。

（2）**新椒4号**　新疆石河子蔬菜研究所育成，早熟。株高60厘米，株幅30厘米左右，株型紧凑。果实线形细长，顶部渐尖，果长14～16厘米，横径1.2厘米左右，果面皱褶较多，青熟果绿色，完熟后深红色。无青肩现象，单果鲜重3～5克。味辛辣，易制干。适应性强，对病毒病、疫病有一定的抗性，对肥水条件要求不严格，丰产潜力大。每667米² 产干椒可达300千克以上，最高可达400千克。

（3）石线1号　新疆石河子蔬菜研究所育成，早熟。自封顶类型，株高35厘米，株幅15～20厘米，株型紧凑，分枝少。果实簇生，每簇1～6果，果长12～13厘米，横径1～1.2厘米。干椒枣红色，无青肩现象，辣味浓，较抗病毒病，适应性强。每667米^{2}产干椒250～300千克，最高420千克。

（4）8212线椒　陕西省蔬菜花卉研究所育成，中晚熟。株高70厘米，株幅35～40厘米，株型紧凑，叶量大，叶色深绿。果簇生，单株结果数50个左右，果长13厘米，横径1～1.2厘米，果面皱纹细密，完熟果色泽鲜红，品质好，抗病毒病、炭疽病和枯萎病。每667米^{2}产干椒250千克以上。

（5）石线2号　新疆石河子蔬菜研究所育成，中晚熟，无限生长型。株高40厘米，株幅18～25厘米，分枝力中等。果实一般单生，少数2～3果簇生，果长14～15厘米，横径1厘米，干椒大红色，味极辣。对病毒病和枯萎病抗性较强。每667米^{2}产干椒300～500千克。

（6）耀县线辣椒　陕西耀县农家品种，中晚熟。株高50厘米，株幅40厘米，分枝短，植株紧凑，结果集中，单株结果可达70多个。果实细长，果长14～16厘米，横径1.1厘米，单果鲜重5～6克。干椒果面皱褶密细，颜色红润，有光泽，辣味中等，抗枯萎病力强，易感染炭疽病及病毒病。每667米^{2}产干椒200～250千克。

（7）川优19　四川省川椒种业科技有限公司选育。早中熟深绿色椒，果长22～28厘米，横径约1.6厘米，辣味浓。抗病力强，连续挂果力强，果形顺直，红果光亮，质脆味辣，品质好，皮薄肉厚耐运输，特适剁椒、泡椒和豆瓣加工用。

（8）川椒皱椒王　四川省川椒种业科技有限公司选育。抗病强，株高58厘米，挂果集中。嫩果浅绿，果长25～28厘米，果肩宽4厘米，单果重约52克，高品质，香辣细腻，口感无皮渣，丰产性突出，适合大棚和露地栽培。

（9）**川椒圆株椒** 早中熟，株高 60 厘米，抗病力强，成熟果红亮，果长 4 厘米，果肩宽 3 厘米，果肉厚 0.3 厘米，单果重 15 克左右，辣味浓。适合泡椒、糟辣椒及干椒加工。

（10）**辣旋** 湖南湘研种苗公司选育。早实细长螺丝线椒品种。植株生长势较强，株型紧凑，分枝多，叶片小，叶色深绿；果实细长，果肩皱、螺旋，果长 28～31 厘米，横径约 2 厘米；青果深绿色，老熟果红色，光亮，前后期果实一致性好，单果重 25 克左右，皮薄、味辣、品质好。耐低温寡日照能力强，坐果性好，连续结果能力强，综合抗性好，适宜早春早熟大棚栽培或秋延后栽培。

（11）**湘辣 18 号** 湖南湘研种苗公司选育。早熟线椒组合，第一开花节位第八节，植株直立性好，分枝能力强。平均果长 27 厘米，横径 1.7 厘米，肉厚 0.1 厘米，单果重 16 克左右。果实线形，浅绿色；膨果速度快，果实顺直，绿色转亮红色，红果硬度好，味辣，皮薄，肉质脆，品质好，耐低温弱光能力强，抗疫病与炭疽病能力强，耐病毒病能力强。适宜青红椒鲜食或酱制加工。

（12）**湘辣翠剑** 湖南湘研种苗公司选育。中早熟绿色顺直线椒品种。植株生长势强，分枝多，叶片小，叶色绿；果长 27～31 厘米，横径 1.9～2.1 厘米；青果亮绿色，老熟果鲜红色，果实顺直，光亮，前后期果实一致性好，单果重 25～29 克，味辣；连续坐果能力强。综合抗性好，适宜鲜椒上市或酱制加工。

（13）**娇令** 湘研种业选育。顺直深绿色中熟长线椒品种。植株生长势强，株型方正，分枝多，叶片小、叶色浓绿；果实细长、顺直，果长 27～29 厘米，横径约 1.8 厘米。青果深绿色，顺直光亮，耐贮运，前后期果实一致性好，老熟果红色，单果重 24 克左右，味辣，有香味；耐湿热、干旱、坐果性好，综合抗性强，适宜青椒鲜椒上市。

（14）**飞艳** 湘研种业选育。中熟单生朝天椒品种，植株高大直立，枝条硬，株高 92 厘米，叶色浓绿。果实小羊角形，果长 9.2 厘米，横径 1.1 厘米，青熟果绿色，红熟果橘红，再转大红。果实单生，果尖细长，前后期果实一致，易于采摘，单果重 4～5 克，辣味浓，单株结果多，丰产潜力大，耐湿热，抗病毒病及疫病，适合作青红鲜辣椒上市。

（15）万里红　天津科润蔬菜研究所选育的早熟一代杂交种。株高 60 厘米左右，株幅 70 厘米左右，分枝能力强，果长 16 厘米左右，横径 2.3 厘米左右，平均单果重 20 克，嫩果浅绿色，红椒鲜艳味辣，每 667 米^{2}产鲜红椒 2 500～3 000 千克。

（16）科红 15 号　天津科润蔬菜研究所选育的。中早熟，干鲜两用型。果长 13 厘米，横径 3 厘米，颜色深紫红，脱水速度快，每 667 米^{2}产鲜椒 2 500 千克，干椒 500 千克，辣度强，抗性好。

（17）云南泡椒小米椒　云南建水地方品种。植株灌木状，1 年生或多年生草本，株高 70～140 厘米，主茎不明显，旺盛生长期由基部长出侧枝，主茎退化或生长缓慢，花果主要集中于侧枝。花绿白色或白色，青熟果淡黄色或黄绿色，老熟果红色或橘红色，果长 3～7 厘米，果肩宽 1.0～2.5 厘米，部分变异株果肩宽可达 3～4 厘米，果面皱，果肉薄（0.1～0.4 厘米），单果质量 2～6 克，果实含有浓郁的芳香味，味辣或极辣。夏、秋季可采摘绿熟果或红熟果供调味用，分布于华南、云南热带山区，及大树下略有荫蔽处。

（18）陇椒 9 号　甘肃农业科学院蔬菜研究所王兰兰等人以 2009A27 为母本，以 2009A15 为父本配制的螺丝椒一代杂交种。熟性早，播种至始花 96 天，播种至青果始收期 135 天，长势强，株高 81 厘米，株幅 74 厘米，单株结果数 21 个。果实羊角形，果色绿，果面皱，果长 28 厘米，果肩宽 3.5 厘米，果肉厚 0.3 厘米，单果重约 69 克。味辣，商品性好，抗疫病。每 667 米^{2}产量 4 500 千克左右，适宜西北地区保护地和露地栽培。

（19）**农城椒 2 号** 西北农林科技大学园艺系育成，中早熟一代杂交种。植株长势强，株高 72 厘米，株幅 51 厘米左右。叶色深绿，叶量大，结果多而大，果实粗羊角形，果长 18 厘米，果径 2.8 厘米，肉厚 0.4 厘米，平均单果重 47 克，果面光滑，果色深绿。辣味强。抗病毒病、炭疽病、疫病、日灼病。耐热，不宜早衰。适宜地膜覆盖及露地越夏，也适宜早春中小棚栽培。每 667 米^{2}产量 4 000～5 000 千克。

（20）**中椒 6 号** 中国农业科学院蔬菜花卉研究所育成，中早熟一代杂交种。生长势强。结果多而大，果实粗牛角形，果肉厚 0.4 厘米，果面光滑，绿色，微辣型，风味好。抗病性强。适合露地栽培，每 667 米^{2}产量为 3 500～4 500 千克。

（21）**湘研 8 号** 湖南省农业科学院蔬菜研究所育成，中熟，一代杂交种。株高约 56.8 厘米，株幅约 65.1 厘米。果实长灯笼形，果长 8.9 厘米，横径 5.6 厘米，果肉厚 0.51 厘米，单果重 80 克左右，果色深绿，微辣。耐热抗病，每 667 米^{2}产量 4 000 千克以上。

（22）**茄门** 上海地方品种，中晚熟。植株生长势强，茎秆粗壮，节间短，株高 65 厘米，株幅 50 厘米，分枝力较弱。叶片大而厚，卵圆形、深绿色。果实为灯笼形，长约 10 厘米，横径 8 厘米，果肉厚 3～5 厘米，单果重 100～150 克，果面光滑，嫩果绿色，成熟后红色，味甜，品质好。耐贮藏。不耐低温和高温，干旱时容易感染病毒病。每 667 米^{2}产量 3 000～5 000 千克。

（三）干椒露地栽培

1. 播种育苗 干椒可以直播，但费种子，且出苗不齐，生长期短，产量低，所以最好采用育苗移栽。育苗可用阳畦，也可用平畦小拱棚。辣椒的适宜苗龄为 55～60 天，播期可根据当地晚霜期向前推 60 天。播前将种子先放在 15～20℃清水中浸泡 15～20 分钟，淘汰漂浮秕籽，再浸泡 4 小时后捞出，晾干表面水分，用 1% 硫酸铜溶液浸泡 15 分钟捞出，再用清水反复淘洗。这样处理后放入 55℃ 热水中迅速搅拌，等水温降至 30℃ 左右时停止。经上述处理，可以杀死种子上带有的病原菌。

消过毒的种子再浸种 6 小时，使之吸足水分，然后用纱布包裹，放在 25～30℃ 温度下催芽。每天用清水将其淘洗 1 次，经 4～6 天即可出芽下种。

培养土由 40%～60% 非茄科作物地的表土和 40%～60% 腐熟厩肥组成。此外，每立方米培养土中再加入过磷酸钙 1 千克、硫酸钾 0.25 千克、尿素 0.25 千克。育苗床不论采用阳畦还是小拱棚，均应选择背风向阳，地势较高，排灌方便，距离移栽大田较近的地方。培养土装床后按每平方米 10～15 克种子播种。播后立即覆盖一层培养土，厚约 1 厘米，6～7 天即可出土。种子顶土和齐苗时各撒培养土 1 次，每次撒土 0.5 厘米厚，可防止子叶夹壳带帽，并防止床面裂缝，减少水分蒸发。苗子在 6 片真叶前要间苗 2～3 次，最后使苗距呈 6 厘米×6 厘米。

发芽出土期一般不通风，出苗后要逐渐加大通风量，苗床温度保持在白天 20～30℃，夜间 16～20℃。定植前 1 周视天气情况可揭去塑料薄膜进行炼苗。这样经过 55～60 天，育出的苗有大约 12 片展开叶，株高 20 厘米，茎粗 0.3 厘米，节间短，叶深绿，无病虫害，植株顶端已显花蕾。如苗子生长弱，可用 0.2% 磷酸二氢钾溶液根外喷施，促苗、壮苗。

2. 施足基肥，适期定植 辣椒根系弱，在土层中分布浅，吸收能力差，需要定植在土壤肥沃、疏松的地块中。定植前要深耕晒垡，减少病虫来源。结合整地每 667 米² 施优质厩肥 5 000 千克，过磷酸钙 50 千克。露地定植期以 10 厘米地温稳定在 10～12℃ 时为准。定植过早，地温低不易缓苗；定植过晚，到高温季节来临植株尚未封垄时，地温高，病毒病严重。定植密度行穴距 66 厘米×10 厘米，每穴 3 株。

3. 田间管理 定植后，为了提高地温，加速根系生长，促进花的形成，防止徒长，在坐果前，应控制浇水，合墒中耕，并在根际培土成垄，防止植株后期倒伏。坐果后，特别是大量结果时，必须加强肥水管理，保证营养生长和生殖生长均衡发展，对提高产量有重要作用。缓苗后和结果盛期每 667 米^2 各追施尿素 10 千克、过磷酸钙 10 千克。大部分果实红熟后，为防止植株贪青，应停止浇水追肥，促进营养物质迅速向果实转运，提高红果率。亚硫酸氢钠是一种光呼吸抑制剂，在门椒或对椒蕾期喷施 80～160 毫克／升亚硫酸氢钠溶液可显著增加产量，增产幅度为 23.2%～27.7%。

4. 采收　采种红椒分期采收，不仅可减少损失，增加红椒产量，而且能提高品质。采下的红椒应及时制干。

辣椒是常异交作物，异交率可达 7%～37%。所以，采种田与不同品种的生产田要隔离 500～1 000 米。采种田的栽培技术与生产田的栽培技术基本相同，但在辣椒开花坐果期严禁使用植物生长调节剂（如 2,4-D，防落素等），以免造成无籽果实。可在门椒或对椒蕾期喷施 200 毫克／升的亚硫酸氢钠，能显著地提高辣椒种子的产量和质量。干制辣椒品种重点是进行苗选、株选。选择生长健壮，抗病，株形紧凑，叶色、叶形、果形等符合所繁殖品种特征特性的作种株，并做上标记。对纯度较高的品种田，可通过严格去杂去劣，进行片选。干椒品种采种时最好采摘中前期红熟果实，晒干或烘干（40℃）后用脱粒机分选种子。辣椒果肉厚的品种，每 400～450 千克果实采 1 千克种子；果肉较薄的中型果品种 300～350 千克果实采 1 千克种子；干椒品种 12～20 千克果实可采 1 千克种子。种子晾晒至含水量低于 10% 时，即可装袋，放在干燥、阴凉、通风处保存。

5. 干椒的利用　辣椒是一种很好的食用和调味品。除鲜食外，辣椒还可腌渍和干制，加工成辣椒干、辣椒油、辣椒酱及汤料咖喱粉、辣酱粉、腌制作料等。辣椒的挥发油含量极少，但气息很强，辣味持久。辣椒有较强的医疗保健作用，其根、茎、果实均可入药，具有舒经活络、活血化瘀、消炎镇痛、开胃消食、补肝明目，温中下气，抑菌止痒，防腐驱虫、治疗冻疮等作用。常食可降低血脂，减少血栓形成，对心血管系统疾病有一定预防作用，对口腔及胃肠有刺激作用，能增强胃肠蠕动，促进消化液分泌，改善食欲，并抑制肠内异常发酵。辣椒素还能显著降低血糖水平。辣椒油树脂为红色至深红色稍稠黏液体，风味与原物相同，使用时须小心，它会对皮肤和眼睛产生刺激性伤害。

（四）青（甜）椒春季覆盖栽培

青椒春季覆盖栽培，上市早、售价高，经济效益显著，是城郊普遍采用的栽培形式。

1. 品种选择 青椒早春覆盖适宜选择早熟抗病、丰产、优质、耐低温和弱光照的中、早熟品种，如小矮秧、早丰1号、湘研1号、湘研4号、中椒2号、农城椒2号、津椒3号、辽椒4号等。

2. 培育早壮苗 春季早熟覆盖青椒苗龄一般为85～90天，定植期往往在晚霜结束前1个月进行。因此，播期可从当地晚霜结束期向前推115～120天为宜。定植前，秧苗应具12～13片叶，高度在13厘米以下，现花蕾，叶色深绿。

播种可在温床或温室里进行。播前将种子放入冷水中预浸6小时，再用55℃温水浸种15分钟，也可将种子用1%硫酸铜溶液浸种5分钟后，用清水反复冲洗，在25～30℃条件下进行催芽。催芽期间每天要用清水淘洗1～2次，一般经4天有60%以上种子露白即可播种。

播种后要注意保温保湿，以利于出苗整齐。幼苗子叶展开后，应及时通风、降温、排湿，温度保持在白天25℃、夜间15℃左右。苗期床土湿度以湿润为度。低温、高温往往容易引起秧苗叶片脱落，病害蔓延。当幼苗具有3～4片真叶时应及时分苗。在整个苗期要注意防治猝倒病、疫病、灰霉病和立枯病，除在苗期管理上通风排湿外，可用65%代森锌可湿性粉剂500倍液或 50% 甲基硫酸菌灵可湿性粉剂 1 000 倍液喷雾防治。

3. 施足基肥，盖膜提温　青椒生长期长，施足基肥十分重要。施肥原则是以农家肥为主，氮、磷、钾肥配合。一般每 667 米² 应施肥 3 000 千克，鸡粪 1 500 千克，并加施硫酸钾 10 千克，过磷酸钙 20 千克。这样，迟效肥与速效肥结合，氮、磷、钾营养搭配，可以基本上满足青椒秧和果实生长发育的需要。

为了满足青椒早春生长对温度的要求，可采用拱棚加地膜的覆盖形式。在定植前 1 周铺好地膜，搭好拱棚并盖严，以提高地温。

4. 适时定植，合理密植　经烤棚 1 周后，地温在 12℃以上时，即可适时定植，以促进秧苗早发根、早发苗。青椒株型比较紧凑，适于密植，适当密植有利于在高温季节到来前封垄。由于地表覆盖遮阴，地温及土壤湿度变化小，暴雨后根系不至于被暴晒，从而起到保根促秧的良好效果。同时密植可以防止日灼病，提高产量。因此，在生产上青椒一般采用双苗定植。具体密度依品种不同而不同，如早丰 1 号、农城椒 2 号适宜穴距为 66 厘米×33 厘米；湘研 1 号、上海羊角椒行穴距 50 厘米×33 厘米；小矮秧行穴距 50 厘米×25 厘米；包子椒行穴距 60 厘米×33 厘米；中椒 2 号、海华 3 号、同丰 37 号等适宜行穴距为 50 厘米×30 厘米。每穴均两苗。

5. 田间管理　定植后，为了提高地温，促苗生根，一般 1 周内不通风。缓苗后要及时通风，调节棚内温、湿度。防止高温高湿造成植株徒长、落花及病害的发生。防止揭膜不当引起植株受冻而影响结果。一般应在外界气温稳定在 15℃以上时揭除拱棚薄膜。

青椒定植前只要施足了基肥和浇足定植水，从定植至开花挂果一般不再施肥浇水。当进入结果期，为补充肥水的亏缺，应追肥浇水，促进秧果并旺。尤其是盛果期，如果肥水跟不上去，容易引起椒秧早衰，造成减产。每次每 667 米² 可施三元复合肥 15 千克左右，或随水浇 1～2 次人粪尿。在盛果期可根据秧果生长发育情况用 0.2% 磷酸二氢钾或 0.3% 尿素液进行根外追肥，每 7～10 天 1 次，共进行 2～3 次。

青椒覆盖栽培，肥水充足时茎上往往产生许多侧枝，影响通风透光，甚至引起落花落果。因此，在植株生长中后期，可将徒长枝及过分旺盛生长的枝条剪掉，以利于通风。

6. 病虫害防治　青椒覆盖栽培的主要病虫害有炭疽病、病毒病、蚜虫、烟青虫和棉铃虫，其防治方法同干椒露地栽培。

7. 采收　青椒以绿熟果为生产目的，因此采收标准应以果实充分膨大，皮色转为浓绿，果实坚实且具光泽时较为适宜。

（五）青椒大棚、日光温室栽培

利用塑料大棚、日光温室栽培青椒，虽一次性投资较大，但其成熟期比露地栽培可提早 30～40 天，比中、小棚栽培提早 7～10 天。若管理得当，可在撤膜后渡过炎夏，秋季继续扣棚，生长期能延长至秋末冬初，采收期比露地栽培延迟 20～30 天。高产棚每 667 米² 产量达 6 000 千克以上，收益很好。因此，近年来，塑料大棚、日光温室栽培面积不断扩大，已发展成为青椒的一种重要生产模式。

1. 品种选择　选用抗寒、耐热、耐弱光照、抗病、早熟、丰产和适用密植的品种，是青椒大棚、日光温室早熟栽培的关键。辛辣型品种可选用汀研 1 号、早杂 2 号、洛椒 2 号、早丰 1 号、伏地尖、湘研 4 号等；甜椒型品种可选用甜杂 2 号、茄门、农乐、中椒 2 号、湘研 7 号、辽椒 1 号、吉椒 2 号、津椒 2 号等。对于大棚、日光温室早熟栽培越夏后再转入秋延后栽培者，可选用辛辣型品种，如农城椒 1 号、农城椒 2 号、苏椒 2 号、吉椒 3 号、湘研 8 号等，或甜椒型品种如农乐、双丰、农大 40 号等。

2. 培育壮苗

（1）播种期　大棚、日光温室青椒栽培的适宜日历苗龄，早熟品种为 85～90 天，中晚熟品种 90～100 天；生理苗龄应为幼

苗株高 20～25 厘米，茎粗 0.5 厘米以上，具有 9～11 片真叶，着生大花蕾或部分植株已开花，叶色青绿，茎节短粗，根系发达，无病虫害。大棚、日光温室青椒栽培的适宜播期要在青椒定植时棚（室）内 10 厘米地温稳定在 12℃以上为宜。

（2）育苗方式 采用阳畦电热温床，或日光温室电热温床，或加温温室育苗，用纸筒或泥筒分苗。现以加温温室育苗为重点介绍育苗技术要点。

①苗床消毒与床准备 温室在 8～9 月份的休闲期间，耕后晒垡，然后浇足水分，覆盖旧塑料薄膜进行高温消毒灭菌 3～4 周；床土装好后，再用 50% 多菌灵或代森锰锌可湿性粉剂，每平方米 6～8 克，与土混匀后撒于苗床。

浸种、催芽和播种与青椒春季覆盖栽培相同。

②温度管理 播种至出苗前，白天保持 28～32℃，夜间 18～20℃；出苗后应逐渐降低温度，白天 25～28℃，夜晚 15～18℃。3 叶期加大通风量，白天 18～25℃，夜晚 13～17℃；3～4 叶期分苗于纸筒或泥筒中。分苗后，烧火升温，白天 28～32℃，夜间 18～20℃，时间约经 1 周。随后，再降低温度，白天 18～25℃，夜间 13～17℃。定植前 7～10 天，要加强低温炼苗，加大通风量，温室逐步停火，最后使夜温降至 10℃左右，不高于 15℃。加强幼苗的抗寒锻炼，为其定植大棚或日光温室做好准备。

③通风见光 育苗期，温室要坚持揭苫见光，通风排湿。白天应有 8～10 小时及以上的光照条件，阴天也要揭苫 4～6 小时，尽可能延长幼苗的光合时间。除播种后 1 周和分苗后 1 周，为提高苗床温度一般不能通风外，其他时间均应坚持每天通风换气。

④苗期叶面喷肥 苗期结合喷药喷施 0.1%～0.2% 磷酸二氢钾溶液 2～3 次，或 0.2% 尿素 1～2 次，或多元复合肥（尿素 0.2%，磷酸二氢钾 0.2%，硫酸锌 0.05%，硼酸 0.15%，硫酸镁 0.15%）1～2 次，以利于秧苗茎叶生长及花芽分化。

3. 整地做畦　大棚、日光温室复种指数高，机耕困难，可用铁锨深翻土地。结合翻地，每 667 米^2 施腐熟农家肥 7 500～10 000 千克。青椒根系浅，不耐旱、不耐涝，整地做畦要仔细、平整。一般用平畦，畦宽 90～100 厘米；南北走向大棚，可做成两排平畦。两排畦之间留出宽 50～70 厘米南北向水渠（人行道）。日光温室做成南北向平畦一排。平畦定植，中耕时结合培土做成宽 50～60 厘米、高 10～15 厘米的半高垄，两畦半高垄之间做成宽 40 厘米的浇水沟（操作道）。

4. 扣棚升温　定植前 15～20 天大棚要扣棚，日光温室要覆盖塑料薄膜，结合翻地，充分晒土，提高地温。

5. 适时早定植　在大棚或日光温室 10 厘米地温稳定在 10～14℃时应及时定植。春季气温不稳定，应选择寒潮刚结束，气温开始回升的"冷尾暖头"的晴朗天气上午 9 时至下午 2 时进行，栽后立即盖小棚，然后浇水。为了不降低地温，最好采用小水灌溉或点水定植。定植时，在 90～100 厘米宽的畦两边各留 20 厘米，每畦定植 2 行，行距 50～60 厘米，穴距 30～35 厘米，每 667 米^2 3 000～4 500 穴，每穴 2 苗，折合每 667 米^2 6 000～9 000 株。

6. 温湿度管理　青椒定植后，要保持较高的温度和湿度，以促进缓苗。通常的做法是定植后 5～7 天内密闭棚、室，不通风，使棚（室）内温度保持在 25～35℃。夜间棚外四周增设草苫、地裙，覆盖保温；日光温室南窗塑料薄膜上也要加盖草苫，避免幼苗受冻。

缓苗后，棚（室）内温度保持 20～30℃，空气相对湿度 50%～60%，土壤相对湿度 80% 左右。大棚、日光温室内温度度、湿度大，一方面造成花粉粒从花粉囊中飞散困难，影响授粉受精，引起落花；另一方面容易使植株徒长，导致落花落果，使青椒产量不高。调节棚室内温、湿度的有效措施是通风。通风管理原则：早揭膜，棚室温度达到 25℃左右时开始通风，下午气温降

至 15℃左右时盖膜。通风方法：由小到大，逐渐通风，并经常调换通风位置，使植株生长一致，严禁高温突然通风。大风天气要压好薄膜，以防大风揭膜。

进入结果期，棚、室内温度要保持 20～25℃，空气相对湿度 50%～60%。此时外界气温逐渐升高，应逐渐加大通风量和延长通风时间。通风适宜，植株矮壮，节间短，坐果多，单株产量高。因此，青椒一旦开始坐果，就要做到早揭、晚盖、撩起棚边，揭开日光温室南窗塑料薄膜，进行大通风。若外界温度最低在 15℃左右时，可昼夜大通风。阴雨天也要适当通风，排湿降温。

进入炎夏高温季节，当外界气温稳定在 20℃左右时，可将塑料薄膜撤除。夏季较冷凉地区，可不撤除塑料薄膜，而将大棚四周的薄膜掀起呈天棚状，进行越夏栽培。

7. 防止有害气体　进行大棚、日光温室生产，要防止有害气体的危害。大棚、日光温室内的有害气体主要有两种：一是肥料分解产生的氨气和亚硝酸气；二是有的塑料薄膜添加了增塑剂，散发出有害气体，被植株吸收后致害。棚室内温、湿度越高，青椒遭受有害气体的危害越严重。

为防止棚室内有害气体危害，应注意以下几点：一是要合理施肥。大棚、日光温室内氮肥的使用应以基肥为主，追肥为辅，施氮肥的原则是少施勤施，施后盖土，并立即浇水。不宜施用挥发性较强的碳酸氢铵。二是要坚持通风换气。上午棚室内温度达到 20～25℃时，打开通风口，使棚室内外空气流动，减少有害气体的危害。三是要注意选用无毒塑料薄膜。四是在使用二氧化碳施肥时，要避免使用含有有害物质如硫化铁、硫化锰等杂质的原料，防止产生有害气体毒害植株。

8. 中耕、培土　缓苗后要及时中耕松土。中耕松土要做到"头遍浅，二遍深，三遍四遍不伤根"。结合中耕，将畦埂挖成畦沟，将土培在青椒行上，形成宽 50～60 厘米、高 10～15 厘米的半高垄，使原来的低平畦变成深沟高垄，以利于灌溉和排涝，并可防止植株倒伏。

9. 肥水管理 青椒根系浅，吸收肥水能力差。定植时浇水不要太大，否则容易降低地温。定植后 4～5 天，浇 1 次缓苗水。缓苗水也宜轻浇。此后，连续中耕 2 次，即可蹲苗。缓苗后到门椒采收前，一般不轻易浇水，否则易导致落花落果。待第一层果实开始膨大时开始浇水，此后每隔 7～10 天浇水 1 次。浇水应选晴天早晨，浇水在均匀，要小水轻浇，切忌大水漫灌。

青椒喜肥、耐肥，而且大棚，日光温室里的青椒从定植到秋延后栽培，生长期长达 200 余天，要丰产就必须不断追肥。施肥的原则是重施基肥，多施氮肥，增施磷、钾复合肥，前期侧重氮肥，盛果期保证充足的磷、钾肥，这样有利于丰产并能提高果实品质。封垄前最好采用开沟或挖窝追肥，封垄后多采用随水施肥。在第一层果膨大期进行第一次追肥，每 667 米^{2}施尿素 10 千克或稀粪 500 千克。开始采收后追施 2～3 次，每次每 667 米^2 施尿素 5～7 千克，或磷酸二铵 15 千克，稀粪 500 千克。为防止早衰，应勤施、轻施氮肥，2～3 周施 1 次，进入秋季结果期应再追肥 1 次。

结合喷药，在开始采收后进行根外追肥，对促秧保果具有显著作用。可在第一层果实采收后，每隔 7～10 天向叶面喷施 0.2% 磷酸二氢钾和 0.3% 尿素各 1 次。此外，在开花坐果期，每 667 米^{2}喷施 6 克亚硫酸氢钠（配成 180 毫克/升的水溶液），可以显著提高产量。

10. 增施二氧化碳肥 棚、室管理通常是以温度为指标的，一般在晴天情况下，由于日出以后室外温度升高，室内温度也随之升高。当室内温度达到 25～30℃时，才通风换气，下午当室温下降到 15～20℃时，关窗防风保温。

采用化学反应产生二氧化碳是生产中常用的方法。反应中碳酸氢铵和硫酸的使用量，因青椒不同生育期及棚室的大小不同而有差异。青椒幼苗期，碳酸氢铵的使用量为 3.5～3.9 克 / 米³、96% 硫酸为 2.3～2.5 克 / 米³；定植缓苗后至坐果期，碳酸氢铵用量为 5～6.5 克 / 米³、96% 硫酸为 3.2～4.1 克 / 米³；盛果期，碳酸氢铵用量为 8.5～11 克 / 米³、96% 硫酸为 5.5～7.3 克 / 米³。

青椒大棚、日光温室进行二氧化碳施肥可在晴天上午进行，苗期在日出后 1.5 小时，定植后在日出 0.5 小时，当棚内温度在 12～15℃ 及以上，光照达 2 000 勒时即可施用。施用二氧化碳后，待棚室温度升至 25～28℃ 时通风。

进行二氧化碳施肥前，要先将 96% 浓硫酸稀释 3 倍，即将适量的浓硫酸倒入 3 倍的自来水中，并不断搅动，使其冷至常温再用。将碳酸氢铵分装到塑料袋中密封。反应时先把稀释好的硫酸倒入反应桶中，再将装有碳酸氢铵的塑料袋底部刺若干小孔，放入反应桶即可。反应桶在大棚、日光温室内的分布要均匀，以 40 米² 的面积摆放 1 个为宜。

进行二氧化碳施肥必须注意以下几点：一是，浓硫酸为强酸，操作时必须佩戴手套，以免造成人身烧伤；二是，在稀释浓硫酸时，必须把浓硫酸倒入水中进行稀释，如把水倒入浓硫酸中会引起浓硫酸飞溅，引起人身烧伤；三是，施用二氧化碳肥期间，大棚，日光温室内二氧化碳浓度高，禁止操作人员在室内久留，否则容易使人产生窒息；四是，为提高二氧化碳使用效果，施放时要密封大棚，日光温室，并清除塑料薄膜上的稻草、灰尘，以增加透光率。

11. 保花保果　大棚、日光温室青椒容易产生落花落果，造成减产。为防止落花落果，棚室前期要及时保温，中期要及时通风，控制适宜温湿度。施足基肥，增施磷、钾肥，保证养分供应均衡。此外，可用 10～20 毫克 / 升的 2, 4-D 或 30～40 毫克 / 升的防落素灵点花。

硼可加速青椒花器发育速度，增加花粉量，促进花粉萌发和花粉管伸长，提高受精能力，防止落花。因此，在蕾期喷施

0.1% 硼酸也有较好的保花保果作用。

12. 植株调整　大棚、日光温室中生长的青椒，由于温度高、湿度大、肥水充足，因而生长旺盛，株型高大，枝条易折。为防止植株倒伏和枝条折断，可用聚丙烯绳吊枝，或在畦垄外侧用竹竿水平固定植株。在青椒封垄后，可将第一分枝下的侧枝全部摘除，在生长的中后期摘除下部老叶，剪去由下部长出的直立徒长枝，以节省养分，并有利于通风透光。

13. 越夏及秋延后管理　在青椒大棚、日光温室栽培中选用的中晚熟品种通过加强管理，也可越夏进行秋延后栽培，采收后，经短期贮藏可在元旦供应市场。具体做法：夏季高温过后，顶层的枝条留两个节剪去。修剪后追肥浇水，促进新枝发育，开花坐果，力争在扣棚前果实已坐住。入秋后，当外界最低气温低于 15℃时覆盖塑料薄膜。

晚夏扣棚可逐步进行，开始只将棚顶扣上，呈天棚状。随着气温的下降，棚四周的薄膜在夜间也要压严，白天将其揭开。当外界气温下降到 15℃以下时，夜间要将全棚扣严，白天中午棚内气温高于 25℃时，再进行短期通风。当外界气温急剧下降后，棚内气温在 15℃以下时，基本上不再通风，并且要在大棚四周或日光温室南窗塑料膜上加盖草苫，防寒保温，防止冻害。

扣棚后果实进入膨大期，每 667 米^{2}可追施人粪尿 500 千克，或尿素 10～15 千克。同时，结合加施二氧化碳肥，加强保温，少通风，促进果实迅速膨大。为避免棚内湿度过大，要控制灌水，只要土壤不过分干旱，原则上不再浇水。此时，若棚内湿度过大，可用草木灰或晒干的培养土撒在畦内除湿；也可采用人工擦珠降湿法，即用毛巾轻轻地在棚膜上擦动，吸收凝集在上面的水珠。

当外界气温过低，棚室内青椒不能继续生长时，要及时采收、贮藏，以防受冻。

（六）青椒贮藏保鲜

供贮藏的青椒应选色深肉厚，果面光滑，不易失水萎蔫，抗病力强的品种，如三道筋、世界冠军、大同甜椒、猪嘴椒和茄门甜椒等。贮藏的青椒一定要在早霜降临前采收。拱棚等保护地青椒可晚一些时间采收，采收时最好在清晨或傍晚气温低时带果梗采下。采收后应立即进行挑选，淘汰病、虫、伤果，放在阴凉避风处进行短期预贮，待果实的温度降低再贮藏。

青椒比较耐贮藏，贮藏最适温度为 8～10℃，空气相对温度为 85% 左右。贮藏方法较多，这里仅介绍几种简易贮藏方法。

1. 超薄膜袋贮藏法 选择成熟度较高的果实贮藏。预冷后在果梗上蘸融化的白蜡，单果包装（12 厘米×10 厘米超薄膜袋），或放入 0.5 千克袋内（20 厘米×27 厘米）密封，置于温度 8～12℃和空气相对湿度 66%～74% 的地下室（窖）中，可贮放 45 天。单果包装完好率为 92%，0.5 千克袋装果实完好率 97%。贮藏期间温度不能高于 14℃，不能低于 8℃。

2. 沟藏 贮藏前在露地挖一条东西延长的沟，沟宽 1 米，长不限，深度依各地冬季气温不同而定，一般最低不得小于 1 米。沟底铺一层沙子或垫一层秸秆。采收的青椒经短期预贮后，轻轻摆放在沟里，也可装筐下到沟里，也可一层细沙一层辣椒层积贮藏，层积厚度不超过 60 厘米。沟上盖草苫，防止雨水进入沟里。随外界气温下降，逐渐增加覆盖物。天气再冷时，覆盖物四周用土盖严。青椒入沟初期注意散热通风，每隔 7～8 天翻倒 1 次，挑出红、烂果实。翻倒 2～3 次后，每隔 15 天翻倒 1 次。这种方法贮藏管理得好，可贮藏 2 个多月，损耗率为 10%～30%。

3. 缸贮法 缸藏前，用 0.5%～1% 漂白粉液将缸洗净、擦干。缸底垫上草苫，装入选好的青椒。大缸装缸高的 1/2，小缸装缸高的 2/3。装好后缸口用牛皮纸或塑料薄膜封好。贮藏初期隔 1 周翻检 1 次，中期后隔 2 周翻检 1 次。

4. 阳畦贮藏　把阳畦床底铲平，将青椒分层平放畦内，厚 20～30 厘米。放好后，可通过盖席调温，前期温度高，昼盖夜揭，温度逐渐降低时，昼夜均盖；后期温度较低，晚间可加盖双席。通过上述措施使贮藏的青椒始终处在贮藏的最适条件下（温度 8～10℃，空气相对湿度 85%左右）。当外界气温低于 0℃ 以下，用加盖双席的办法已无法满足青椒对贮藏环境的要求时，应立即上市。

5. 窖藏　窖藏方法比较稳妥，各地都可采用。窖的深浅、大小依各地气候条件而定。一般深"30～150 厘米、宽 1.5 米左右，长度根据贮藏量而定。窖坑挖好后晾几天，再用玉米秸绷好上盖。长窖每隔 2 米设 1 个 15 厘米大小的通风眼。窖底可铺草苫或沙土，将辣椒堆放在上面。辣椒堆厚度一般不超过 1 米。也可装筐下窖，一般可放两层筐。装筐前最好在筐底和四周铺一层喷有 50 毫克 / 升仲丁胺溶液的普通卫生纸，然后再装青椒。无论青椒在窖内直接堆放或装筐，采收后先堆放在冷凉处，再用草苫盖住预贮，以降低青椒温度。入窖后，根据气候，通过通风、加盖不同防寒材料，保持青椒果实适宜的贮藏条件。

6. 筐藏　将选好的青椒装在经 0.5% 漂白粉液消毒的筐里，筐内衬牛皮纸。将青椒装入筐中，用塑料薄膜封严筐口。也可先将装入青椒的筐子堆成堆，再用塑料薄膜封盖全堆。青椒入库后，贮藏库每天要通风 1 次，藏果要每隔 10 天左右挑拣 1 次，取出红果、烂果。

（七）采　种

辣椒是常异交作物，异交率可达 7%～37%。所以，采种田与不同品种的生产田要隔离 500～1 000 米。采种田的栽培技术与生产田的栽培技术基本相同，但在辣椒开花坐果期严禁使用植物生长调节剂（如 2，4-D，防落素等），以免造成无籽果实。可

在门椒或对椒蕾期喷施 200 毫克／升的亚硫酸氢钠，能显著地提高辣椒种子的产量和质量。

选种方法：对于干制辣椒品种重点是进行苗选、株选。选择生长健壮，抗病，株型紧凑，叶色、叶形、果形等符合所繁殖品种特征特性的作种株，并做上标记。对品种纯度较高的干椒品种田，可通过严格去杂去劣，进行片选。青椒品种，除了苗选和株选外，还要进行果选。笔者以"410"牛角椒为试材进行的试验表明，牛角椒不同层次间种子在千粒重、发芽率和发芽指数上均有一定差异，其中以第二、第三层果实的种子质量较好；同时，疏去门花和满天星花能有效提高第二、第三层果实种子的质量；采种果在室温下后熟 1 周也具有同等效果。因此，对于青椒品种，在入选种株的基础上，可除掉门果和满天星果，选择已经红熟、整齐、无病虫害的对果和四面斗果，放置室内后熟 5～7 天后进行剥种。

干椒品种采种时最好采摘中前期红熟果实，晒干或烘干（40℃）后用脱粒机分选种子。青椒品种种果采收时要红一批，采收一批，一般以每隔 2～3 天采收 1 次为好。若久熟不采，则种果易被烈日晒伤腐烂。青椒果实取种，可用手掰开果实或用果刀自萼片周围割一圆圈，将果柄向上一提，把种子与胎座一起取出。取出的种子应清除胎座、果肉等杂质，并立即晾晒。需强调的是，种子不宜在水泥晒场或金属容器里暴晒，以免影响发芽率。

辣椒果肉厚的大型品种，每 400～450 千克果实采 1 千克种子；果肉较薄的中型果品种 300～350 千克果实采 1 千克种子；干椒品种 12～20 千克鲜果可采 1 千克种子。

种子晾晒至含水量低于 10% 时，即可装袋，放在干燥、阴凉、通风处保存。

六、孜　然

　　孜然，又叫安息茴香，野茴香，孜然芹，枯茗，为伞形科孜然芹属 1～2 年生草本植物。花瓣粉红或红色，花期 4 月份，果期 5 月份。主要分布于印度、伊朗、土耳其、中国等。孜然是制作咖喱粉的重要原料，其嫩茎叶可作蔬菜。孜然具有特殊而浓厚的香气，微有薄荷气而似橘皮，主要呈味物质为孜然醛、孜然醇、松油萜、β–水芹烯和酮类等。国外早已大量生产使用精油制作食用香精，国内香精厂也有使用。原产于埃及、埃塞俄比亚、地中海沿岸、前苏联、伊朗、印度及我国新疆的库克、沙雅、哈什、和田等地。在唐朝中叶，孜然被传入中国的高昌回鹘（维吾尔前身）。由于那时吐番占据了河西走廊，丝绸之路被阻断，东西交流没有唐朝那么频繁。因此很长一段时间，孜然没有大量传入中原地区。孜然作为调料，一直没有在中国内地传播开来，孜然在我国仅产于新疆和甘肃河西走廊，印度及南亚地区是其重要出口地。孜然在西方是仅次于胡椒的第二大香料，许多菜肴都用到孜然或由它调配而成的咖喱粉。

　　中医学认为，孜然气味甘甜，辛温无毒，具有温中暖脾、开胃下气、消食化积、醒脑通脉、祛寒除湿等功效。明太祖五子周定王主持编写的《普济方》中，就有用孜然治疗消化不良和胃寒、腹痛等症状的记载。因此，有胃寒的人，平时在炒菜时可以放点孜然，以祛除胃中的寒气。但孜然性热，不宜多吃。

　　孜然一般株高 30～40 厘米，单株分枝 6～9 个，生育期 80～90 天，具香味。籽色淡黄，千粒重 2 克以上。近年来托克逊

县种植面积扩大，年产量达 1 300 吨以上，味香色艳，质量上乘。

（一）生物学特性

孜然的根为直根系，生育期 90 天。茎高 20～40 厘米，全株光滑无毛。单株分枝 6～9 个。叶细长针形，叶柄长 1～2 厘米或近无柄，有狭披针形的鞘。复伞形花序，多呈二歧式分枝，直径 2～3 厘米；总苞片 3～6 个，线形或线状披针形，边缘膜质，白色，顶端有长芒状的刺；小伞形花序通常有 7 花，小总苞片 3～5 个，与总苞片相似，顶端针芒状，反折，较小，花瓣粉红或白色，长圆形，顶端微缺，有内折的小舌片；萼齿钻形，长超过花柱；花柱基部圆锥形，花柱短，叉开。花期 4 月份。果实主花序角果 18～28 粒，籽粒棱形有腹沟，分生果长圆形，两端狭窄，密被白色刚毛。子实富油性，含浓烈香味，外皮呈青绿或黄绿色。果期 5 月份。子然适应性较强，耐旱，喜温暖干燥的气候，耐寒，忌涝、盐碱和重茬，不宜多施农家肥和氮肥，防止徒长引起的倒伏。对土壤要求不严，一般通透性、排水性良好的沙壤土种植较好。

（二）栽培技术

1. 播前准备　孜然适应性强，耐旱怕涝，对土壤要求不严。一般选择脱盐彻底的沙壤土种植。前茬作物以小麦、蔬菜、瓜类或棉花等为宜，忌重茬。前茬作物收获后及时耕翻平整，浇足底墒水，翌年早春土壤解冻 10 厘米后及时精细整地，做到齐、松、净、碎、墒、平，打成小畦，并在地边备细沙。孜然耐瘠薄，忌高水肥。播种前结合整地每 667 米^2 施优质有机肥 1 500～2 000千克，磷酸二铵 10～15 千克，均匀混施于土壤中。春播前结合整地，每 667 米^2 用 80～100 克氟乐灵乳油兑水 30 升，在无风条件下喷施地表，及时耙地，使土药均匀混合。耙地后及时耱平，待播。

2. 播种技术　选择籽粒饱满、色泽黄亮、无病虫种子进行人工精选，除去杂质。播前用戊唑醇拌种，3 月上旬用 1.5～2 千克的种子，在无风条件下，均匀交叉撒两遍，然后在种子表面覆盖 1～2 厘米厚沙子。也可将沙子散开，用播种机浅播，行距 15 厘米，播后来磨平地表。

（1）**套种棉花**　孜然生育期短，田间可套种棉花等秋季作物。4 月中旬按行距 60 厘米、株距 20 厘米点种棉花。孜然收获后及时给套种作物追肥浇水，加强管理，使之生长良好。

（2）**套种大豆**　孜然套种大豆是甘肃河西地区近几年迅速发展起来的一种新型种植模式，2009—2010 年酒泉市农科所进行不同栽培试验，孜然平均每 667 米^{2}产量为 100 千克，每 667 米^{2}收入 1 750 元；大豆每 667 米^{2}平均产量为 200 千克，每 667 米^{2}收入为 1 200 元；每 667 米^{2}总收入为 2 950 元左右，比单种增收 20%～30%。孜然和大豆的适应性较强，对土壤要求不严，一般选择通透性、排水性良好的沙壤土。前作物收获后及时深耕翻，浇足底墒水。第二年早春土壤解冻 10 厘米深后及时整地，达到墒足、地平、土细等标准。结合整地，每 667 米^{2}施优质有机肥 3 000～4 000 千克，磷酸二铵 25 千克，拉运细沙 5～6 米^{3}备用。

孜然选用新疆孜然王、亚可西、新抗 18-2 等品种。大豆选用中黄 30 等优良品种。先播孜然后播大豆。孜然播种在早春 3 月上中旬，宜早不宜迟。每 667 米^{2}播种量为 1.5～2 千克。播种时，在种子中掺入适量细沙，在无风条件下，沿东西、南北两个方向人工纵横交叉撒两遍，将种子撒于地表；也可用播种机浅播，株距 15 厘米左右，播深 1～1.5 厘米。播后糖平地表，然后在地表面覆盖 1.5～2 厘米厚度的细沙。待孜然出苗 15 天后，一般在 4 月下旬开始播种大豆，5 月初点种结束，每 667 米^{2}播种量 3.5～4 千克，采用点播器人工点播，播种深度 4～5 厘米，播种行距 50 厘米，株距 15 厘米，每穴播种 3～4 粒种子。播后及时用脚踩实封口，确保一次全苗。

孜然幼苗生长到 2～3 片真叶时进行间苗，保持苗与苗之间有 5～10 厘米的间距。大豆在出苗后及时查苗，若有缺苗，应采取催芽的方法补苗。待幼苗生长到 3～4 叶 1 心期时间苗，每穴留双株。孜然一般在 6 月下旬至 7 月初大部分分枝叶发黄、籽粒饱满、籽壳干燥时收获。收获时最好在清晨，将孜然植株带露水连根拔出，放置在通风处晾干脱粒。

3. 田间管理　孜然播种后及时灌水压沙。孜然喜旱怕湿，湿度过高可造成大面积死亡，采取少量多次的浇法，保持地块不干旱。抽薹后浇苗水，开花期浇二水，灌浆期浇三水，全生育期浇水 2～3 次。浇水应在阴天或傍晚进行，深不过寸，浇灌不淹苗。田间积水须及时排除。

结合浇苗水，每 667 米^{2}施尿素 3～5 千克。抽薹后，叶面喷施磷酸二氢钾等叶面肥 2～3 次。

孜然幼苗顶土弱，播后浇水待地表发白及时用耙子松上，破除板结，助苗出土。幼苗出土后拔除杂草，保持田间干净无草。

孜然幼苗生长缓慢，幼苗出土显行后及时间苗，3 片真叶后定苗。要做到"间苗狠、定苗早"，保苗密度 4 万～5 万株，田间分布均匀。

4. 适时收获　作蔬菜用的幼苗的采收，可结合间苗进行，嫩叶采收则选植株中部叶片已完全展开而未老化者。果实采收一般于 5 月份后，大部分枝叶发黄，茎秆转白，籽粒饱满成熟时及早收获。收获分批进行，随熟随收。收获时连根拔起，放在场地晾 2～3 天，进行后熟，然后脱粒，扬筛干净入库。孜然果实干燥后加工成粉状，即得孜然香料，目前主要用作烤羊肉串、烤羊肉及烤全羊的香辛调味品。

（三）利　用

孜然种子蛋白质、脂肪、矿物质含量较高，还有丰富的钙、铁、镁、钾、锌、铜、铁 7 种矿物元素。每 2 克孜然中含钙 20

毫克、磷 10 毫克、铁 1.3 毫克、钾 38 毫克和镁 8 毫克。种子含精油 3.7%，其挥发油主要组分为 β – 蒎烯（6.8%），对一伞花烃（22.28%）、枯茗醛（43.48%），还含有少量对异丙基苯甲酸、柠檬烯，1.8– 桉叶油素，γ – 松油烯，α – 蒎烯、松油醇 –4 等。孜然被当作暖油使用时，可帮助缓解肌肉和关节疼痛；对神经系统也是一种滋补品，对头痛、偏头痛和精神疲惫有良好疗效。孜然精油具有良好的体外抗氧化活性，国外早已大量生产使用孜然精油调制食用香精，我国香精厂也有使用，但用量不大。孜然嫩茎叶可作蔬菜食用，孜然果实可入药，用于治疗消化不良和胃寒腹痛等症。

孜然具有浓厚的香气，入肴调味可去膻异，增添风味。过去多用于烹制烤羊肉串、烤全羊、抓饭等，现今还用于猪、牛、禽类等肉制品加工或做涮羊肉作料，另有孜然系列食品如锅巴等。孜然还可做复合香辛料，如咖喱粉、涮羊肉料等的配料，孜然因具特殊赋香能力，给食品带来悦人口味，故近年来国人多喜食之。孜然性热，味辛，夏季宜少食，便秘或患有痔疾者应少食或不食。

七、茴 香

茴香，又叫怀香、小香、谷茴香、角茴香、席香、刺梦、有骨香、山茴香、割茴香、茴香子、茴香芹、谷香、片茴香、香丝菜及药茴香。原产于欧洲地中海沿岸、南亚，我国各地均产，栽培已达1 000多年。种植面积10 000公顷，茎、叶、根和种子中含挥发油，有特殊香味，供馅食，尤其是种子香味更浓，是主要的食品调料和药材原料。茴香的嫩茎叶可做饺子馅，也可热炒、凉拌或做拼盘装饰。茴香茎叶营养价值很高，每100克含蛋白质2.3克，脂肪0.3克，碳水化合物2.2克，钙150毫克，磷34毫克，铁1.2毫克，胡萝卜素2.61毫克，维生素 B_1 0.05毫克，维生素 B_2 0.12毫克，烟酸0.7毫克，维生素C 28毫克，还含有莲苷、茴香苷及多种糖苷或桂皮酸、阿魏酸、咖啡酸、茴香酸、芥子酸等17种有机酸。种子（果实）含茴香油3%～8%，茴香脑50%～60%，α –茴香酮18%～20%，甲基胡椒粉10%等。茎叶也含挥发油，可做五香粉。

茴香的嫩叶做菜蔬。果实做香料，也供药用，根、叶、全草均可入药。茴香是常用的调料，是烧鱼炖肉、制作卤制食品时的必用之品。小茴香的种实是调料品，而它的茎叶部中也有香气，能刺激胃肠神经血管，促进消化液分泌，增加胃肠蠕动，所以有健胃、行气的功效；有时胃肠蠕动在兴奋后又有助于缓解痉挛、减轻疼痛。

世界年贸易量6 000～7 000吨，主要出口国为我国和印度，其次是叙利亚、保加利亚、罗马尼亚和阿根廷；主要进口国为斯里兰卡、德国、新加坡、马来西亚、日本、英国、法国、荷兰、意大利、瑞典和一些非洲国家。我国茴香的主要产区是内蒙古、山西、甘肃和陕西，在四川、宁夏、吉林、辽宁、黑龙江、河北、云南、贵州、广西等省（自治区）也有栽培，其中以津谷茴和内蒙茴质量最佳，常年出口量达 2 000 吨。

茴香每 100 克食用部分鲜重含蛋白质 2 克，脂肪 0.6 克，碳水化合物 3.4 克，钙 173 毫克，磷 52 毫胡，铁 2.1 毫克，钾 321 毫克，镁 45.4 毫克，铜 11.5 毫克，胡萝卜素 1.43 毫克，维生素 B_1 0.06 毫克，维生素 B_2 0.14 毫克，烟酸 1.3 毫克，维生素 C 30 毫克。茎、叶、根和种子中含有挥发油，有特殊香味，是主要食品调料，包括 70%～90% 茴香脑、甲基胡椒酚和其他萜类、黄酮类、脂肪酸、苯丙醇、甾醇，是集医药、调味食用、化妆于一身的多用植物。小茴香有抗溃疡、镇痛的作用，茴香油有不同程度的抗菌作用。它能刺激胃肠神经血管，促进唾液和胃液分泌，起到增进食欲，帮助消化的作用。较适合脾胃虚寒、肠绞痛、痛经患者食疗；茴香烯有明显地升高白细胞的作用。挥发油可祛风、解痉。茴香子主要用于祛风，清除腹胀，还可止胃痛，增进食欲，利尿和消炎。

（一）生物学特性

伞形科小茴香属多年生草本植物。直根系，主根入土深 15～20 厘米。北方播种后当年抽薹开花，花茎高 1.5～2 米，开展度 80～90 厘米，分枝多。叶三回羽状丝裂，互生，叶柄基部膨大成鞘状抱茎。复伞形花序，花小，为黄色、黄绿色或紫色。双悬果，果上有 5 条隆起的主棱和 4 条次棱，相间排列。果面青绿色或黄绿色，有刺毛。种子小，褐色，千粒重 1.4～2.6 克。

较耐寒，分布广，适宜潮湿凉爽的地区生长。北方种植普遍，四季都可栽培，尤以春季为主。夏季种植质量不佳。冬季可在保护地生产，对周年供应，补充淡季蔬菜品种有良好作用。发

芽适温 16～23℃，出土适温 10～16℃。生长适温 15～18℃，最高生长温度 21～24℃，最低生长温度 7℃，可耐受短期 –2℃ 的低温。茴香为长日照蔬菜，喜弱光。土壤溶液含盐量达 0.2%～0.25% 时仍可生长。

（二）类型和品种

1. 大茴香 植株高大，高 30～45 厘米，全株 5～6 真叶，叶柄较长，叶距长，生长快，抽薹早。山西、内蒙古种植较多。

2. 小茴香 植株小，高 20～35 厘米，一般 7～9 片叶，叶柄较长，叶距小，生长慢，抽薹迟。北京、天津等地种植较多。

（三）栽培要点

主要用种子繁殖，也可分株繁殖。按市场需要四季随时可播种，最宜播种地为沙壤土，忌黏土及高湿环境。多用平畦，沟播或撒播，每 667 米² 播种量 3～5 千克。寒冷季节最好用拱棚覆盖或阳畦栽培。再生力强，一次播种分次采收，可连续采收几年。种子发芽慢，宜浸种，催芽后播种。播后 6～7 天出土。生长期间加强浇水、追肥、除草和防治蚜虫等工作。

茴香在蔬菜区主要用嫩叶作蔬菜，一次播种，一次采收，也可分次割收。分次割收应留茬，并加强肥水管理。

留种，有老根采种和当年直播采种两种。前者又有 2 年老根、3 年老根和 4 年老根之分。老根年限愈长，采种量愈多，种子质量也愈好。2 年生老根，每 667 米² 产量 100 千克，3 年生产量 150 千克，4～5 年生产量 200～250 千克，当年春播的种子产量低。

采种栽培时，苗期要控制浇水，加强中耕。花期注意防蚜虫和椿象。种子成熟后要分期采收，防止种子撒落。

种子收后晒干，装入麻袋或木箱中，置通风干燥处贮藏。如果受潮、生虫，宜开包重晒。

（四）小茴香采收

1. 采　收

（1）果实采收　播种当年 8～10 月份果实陆续成熟，即可采收。南方作多年生栽培，第二年以后，成熟期提前。当果皮由绿色变黄绿色，出现淡黑色纵线时便可收割；若等果皮变黄，果实脱落采收，则会造成损失。小茴香花果期长，果实陆续成熟，最好分批采收。收获后经日晒，到七八成干时脱粒，晒至全干，扬净杂质。每 667 米² 可收干燥果实 50～125 千克。

（2）茎叶采收　南方地区，每年能收割茎叶 4～5 次，北方地区只能收 2～3 次。南方作多年生栽培者，连续收割 3～4 年后植株老化产量下降，应更新另选地再种。采收一般是在茎叶生长繁茂、已达开花初期或盛期时收割，留茬高 3 厘米左右；留茬过高、萌发新蘖会影响下次产量，一般第一次产量最高，以后递减，每年每 667 米² 约可产鲜茎叶 3 000～4 000 千克。以茎叶提取精油时，当年新株长高至 40 厘米高时采收。用水蒸气蒸馏法可提取精油，枝条中也含有精油，可以利用。

小茴香干燥果实呈小柱形，两端稍尖，外表呈黄绿色，颗粒均匀、饱满、黄绿色、味浓甜香者佳。置干燥通风处保存。小茴香根可在采果后或老株翻蔸时挖起，洗净晒干。

2. 质量鉴定　质量好的小茴香，颜色偏土黄色或黄绿色，形状像稻谷，粒大而长，质地饱满，鲜艳光亮，有浓浓的甘草香味，柄梗、杂质少。另外，一定要看干湿度，通常散装的较好，如果是瓶装的，可将瓶子倒过来，若小茴香流淌顺畅，则干度较好；若沉滞发黏，则有些受潮。不好的小茴香颜色发绿，大小不均匀，抓起来会有杂质、粉尘，闻起来气味不好，没有甘草的香味。

（五）利　用

果实中含挥发油 3%～8%，主要化学成分为反式 – 茴香脑，

柠檬烯、小茴香酮、爱草脑，γ-松油烯、α-蒎烯，以及月桂烯、β-蒎烯、茴香醛等。胚乳中含脂肪油 15%，蛋白质 20% 左右，此外还含有胡萝卜素、淀粉及糖类。根含精油，主要成分为莳萝芹菜脑、α-松油烯、异松油烯、反式-茴香脑、柠檬烯、对聚伞花素、β-月桂烯等。

小茴香嫩茎叶可做饺子馅。将枝叶盖在配好的菜上能防止虫、蝇叮爬。能除肉中臭气，使之重新添香。小茴香是世界上应用最广泛的香料之一，烧鱼炖肉、制作卤制食品的必用品。消耗小茴香最多的国家是英国和印度。

茴香性温，味辛，归肝、肾、脾、胃经。全草入药，能温肝肾，暖胃气，散寒止痛，理气。小茴香所含的主要成分是茴香油，能刺激胃肠神经、血管，促进消化液分泌，增加胃肠蠕动，有健胃、行气、利胆、抗溃疡和抗菌的功效。另外，小茴香挥发油对肿瘤细胞有较强抑制作用，小茴香中提取的植物聚多糖有抗肿瘤作用，二聚茴香脑还有雌激素样作用。主治胃气弱胀，寒疝腹痛，消化不良，睾丸偏坠，腰痛，妇女痛经，疝气痛，小腹冷痛，呕吐，脘腹胀痛，食少吐泻、寒喘等症。茴香菜熟食或泡酒饮服，可行气、散寒、止痛；茴香苗叶生捣取汁饮或外敷，可治恶毒痈肿。

八、韭　葱

　　韭葱，又名葱蒜、扁葱、扁叶葱、洋大蒜、洋蒜苗，海蒜。韭葱原产地中海沿岸的欧洲中南部、瑞士等地，我国于 20 世纪 30 年代已有栽培。欧洲各国栽培普遍，古希腊、古罗马时代已有栽培，是欧式餐馆习惯使用的配菜，法国视之为上好蔬菜。亚洲很多国家也有种植。我国部分地区，如北京、上海、广西、湖北、陕西、河北等省（直辖市）有少量栽培，广西栽培时间较长，多代替蒜苗食用。韭葱嫩苗、鳞茎、假茎和花薹可炒食，做汤或做调料。花薹炒食时较软绵，不如蒜薹爽脆。韭葱有杀菌、发汗、祛痰、利尿的作用，可增加消化液的分泌，提高食欲。韭葱也可脱水加工出口外销。每 100 克韭葱食用部分含水分 85 克，碳水化合物 11.2 克，蛋白质 1.5～2.2 克，脂肪 0.3 克，维生素 A 95 国际单位，维生素 B_1 0.11 毫克，维生素 B_2 0.06 毫克，烟酸 0.5 毫克，维生素 C 17 毫克，钙 52 毫克，磷 50 毫克，铁 1.1 毫克，以及葱蒜辣素的挥发物。

（一）生物学特性

　　韭葱为百合科葱属中产生嫩假茎（葱白）的 2 年生草本植物，在蔬菜分类中，划归为葱蒜类。因它的叶子既不像韭叶，也不同葱的管状叶，而幼苗或 1 年生植株的假茎则与葱白酷似，味道则似大葱。其 2～3 年生的采种株，味、花薹和鳞茎又非常像独头蒜植株。然而鳞茎又不同于大蒜鳞芽分瓣明显，且一般为种子繁殖，多不用鳞茎传种。虽称为圆葱，其叶和花茎又极似大蒜。在我国人们看来，可谓葱蒜类的"四不像"蔬菜，故在我国有的地方称它为洋蒜或种子大蒜。

韭葱根为弦状，茎短缩成鳞茎盘。单叶互生，各叶叶鞘套生成假茎，外皮膜质、白色。生长到翌年地下部也形成鳞茎。叶片长带形，被蜡粉，宽5厘米，长50厘米左右。抽生的花薹断面圆形实心，基部粗1厘米，长80厘米左右。伞形花序，外有总苞，开花时总苞单侧开裂脱落。每序有小花800～3000朵，淡紫色或粉红色，花丛生成球。种子有棱，黑色，千粒重2.8克左右。

韭葱耐寒，耐热，生长势强。能经受38℃左右高温和−10℃低温。生长适宜的日温18～22℃，夜温12～13℃。一般春季育苗，夏季定植，初冬收获假茎。华北、华南还可在春末夏初播种，当年收获嫩苗，翌年春季收假茎，初夏收薹。韭葱属绿体春化类型，幼苗在5～8℃通过春化，分化花芽，18～20℃条件下抽生花薹。采种者秋播，幼苗越冬，翌年夏季抽薹、开花、结籽。

韭葱假茎一般200～220天形成。春播后约10月份收获。可根据市场需要随时采收上市，或收后贮于菜窖至春节上市。秋播于翌年3～4月份陆续采收，或留至5月份采收花薹。

（二）品　种

我国韭葱栽培较少，品种不多。我国河北省邯郸地区的栽培品种就叫邯郸韭葱。邯郸韭葱近年被省内外广泛引种，栽培面积较大。该品种耐热、耐寒，适应性强，不易发生病虫害，对土壤要求不严，可以周年栽培。叶片宽、扁平、无空心、绿色，鳞茎、叶片肥大，蒜薹粗长，假茎土软化后洁白柔嫩，味甜，可整株食用，风味独特，可春、秋两季栽培。此外，我国南方还有广西韭葱等。

（三）栽培技术

1. 栽培季节　韭葱可全年栽培、以春、秋二季生长最快，按产品收获时间可分下列栽培方式。

（1）**春茬** 在华北5～6月份播种育苗，9～10月份定植，冬前培土一次，第二年春季返青后、抽薹前收获上市。

（2）**夏茬** 9～10月份播种，或春季3～4月份播种，夏季采食幼苗。夏季气温高，韭葱叶子角化程度高，食用品质不佳，可提前收刨，在遮阴条件下假植软化20天左右，然后上市供食用。

（3）**秋茬** 秋季播种育苗，翌年夏季定植，初冬收获上市。若韭葱的生长期长，植株充分长大，则主要食用软化的肥大假茎。

（4）**冬季保护地栽培** 9月份播种，入冬前在原畦上设风障加盖塑料薄膜和草苫，使幼苗在冬季继续生长，春节期间上市。

在无霜期约200天的地区，可露地栽培。于春季育苗，夏季定植，初冬收获假茎。无霜期较短的冷凉地区，春季育苗应在保护地进行，增加田间生长时间，以获得较充实的假茎和产量。也可在春末、夏初露地直播，当年间拔采收嫩苗。留下大株翌春收获假茎，初夏收获花薹。华北以南地区，也可秋季播种、育苗或直播，翌春定植。

2. 育苗 收假茎的在露地或冷床用种子繁殖育苗，苗期50～60天。定植每667米^{2}韭葱需育苗地100～133米^2。结合整地，每畦（6.7米×1.7米）施入腐熟农家肥100～150千克，然后做成平畦。播前2～3小时浇足底水，水渗完后撒播种子，100～133米^{2}苗地用种量为0.75～1千克。种子覆盖0.4～0.5厘米厚的草，保持表土经常湿润，以利出苗。播种后7天可出苗，苗出齐后，向畦面撒一层过筛细潮土，以利于保墒发根。干旱时可浇水，注意除草。苗长大后，每667米^{2}可追施硫酸铵10千克。定植前1～2天浇水，便于起苗。

3. 定植 韭葱根系吸肥力弱，宜选择有机质丰富、疏松的土壤栽培。定植前把地整好，每667米^{2}施基肥5 000～7 500千克，深耕，粪土混匀，做好平畦。一般6月中下旬定植，1米宽的畦可栽3个宽幅行，每个宽幅行由3个小行组成，小行行株距

为 7 厘米，宽幅行距离 20 厘米，单株定植。每平方米可栽 126 株，每 667 米^2 栽苗 8 万株，定植深度要露出五杈，定植后浇水。

4. 田间管理 缓苗后开始生长时浇 1 次缓苗水，浇水后中耕松土，让其发根，生长期间结合浇水分次追肥、中耕和培土，促使假茎形成。

5. 适时收获 韭葱耐热、耐寒，在较寒冷的季节也可生长，和大蒜类似。一般在立冬后、小雪前收获韭葱苗，并按当地天气情况于霜冻前收完。收获过早，叶片易失水发黄腐烂；收获过晚，易受冻害，影响商品价值。韭葱根系发达，不能硬拔，否则会拔断叶鞘，宜用三齿钩刨收。

（四）贮 藏

刨下的韭葱堆成小堆，在地里放置 2 天后，用稻草捆成把，每把 2.5 千克，准备贮藏。刨韭葱前，在南墙北侧（或设立风障遮阴）挖个东西向池子，池宽 1.7 米、深 0.3 米，长度不限。池挖好后向池底浇水，使底土潮湿，水渗完后将捆好的韭葱根朝下，一把一把排起来，把与把之间距离不能太近，防止叶片受热变黄。排好后四周培湿土保湿。若当时气温还不太低，则叶上暂不覆土，夜间或遇寒潮降温时盖好草苫防冻；随着气温下降，将草苫揭去，覆上湿土；气温再降，再加厚土层，最好保持在 $-1 \sim -2℃$。到元旦、春节或春节后取出上市。

（五）抽薹与采种

若计划抽花薹或采种，则冬季不收嫩苗。在节气小雪后浇 1 次冻水，让韭葱在露地越冬。若有条件，可在韭葱棵上盖些玉米秸、草苫等覆盖物，到翌年 3 月中下旬韭葱开始生长。若抽花薹，应在 5 月中旬早晨或上午进行；或采种，可让花薹继续生长。抽薹期宜少浇水，花球形成时需适当加大浇水量，开花后结合浇水追施硫酸铵 1 次，每 667 米^2 12.5 千克左右。以后经常保

持土壤潮湿，到 7 月下旬采收种子。采种量每 667 米 ^{2} 50～100
千克。

（六）利　用

1. 作调料和蔬菜　韭葱以叶鞘抱合的假茎和花薹供食，有韭
葱类蔬菜的辣香味，风味如大葱，可生吃、炒食、煮烧，或作调
味料，有一定的营养价值。花薹炒食，质软绵，不如蒜薹爽脆。
2. 作药用　韭葱有杀菌、发汗、祛痰、利尿作用，可增加
消化液的分泌，增加食欲。

九、荆 芥

　　荆芥，又名假苏、姜芥、四棱秆蒿、香荆荠、线荠、香薷、小荆芥、土荆芥、小薄荷、巴毛、樟脑草，始载于《神农本草经》，被列为草部中品。荆芥为唇形科荆芥属1年生草本植物。我国分布很广，野生种为多年生草本植物，是一种历史悠久的绿叶香辛蔬菜。安徽阜阳、鄂西北、河北、河南洛阳等地有栽培。野生种分布于新疆、甘肃、陕西、河南、河北、山东、湖北、贵州、云南、四川及东北等地灌木丛和草丛中。

（一）生物学特性

　　株高0.7～1厘米，株幅约35厘米，有强烈香气。茎直立，四棱形，绿色；基部紫红色，上部多分枝。叶对生，基部有柄或近无柄，羽状深裂五片，中部或上部叶片无柄，深刻3～5片，裂片线状至披针形。两面被毛，轮状花序，密集枝端，成穗状。花小，密集，淡红紫色。雄蕊4枚，小坚果4枚，卵形或椭圆形，表面光滑。寿命1年，生育期较短。在四川秋播约200天，春播150天，夏播120天，在适宜条件下，播种至开花需45～50天，成花期为6月份，果期为7～9月份。

　　对气候环境要求不严，南北各地均可栽培。一般较喜温和气候，也较耐热、耐阴、耐瘠薄、耐旱不耐涝。种子在19～25℃时6～7天可发芽，16～18℃需10～15天出苗，幼苗能耐受0℃的低温，-2℃以下会出现冻害，以湿润的气候为佳。幼苗喜湿润，但怕雨水过多；成苗后较喜干燥；雨水多生长不良。以较肥沃湿润，排水良好，轻壤至中壤的土壤为好，如沙壤、细沙土、潮沙泥、夹沙泥等。粉重的土壤至中性土壤，黏重土壤和易干燥的黏沙土、冷沙土等生长不良。地势以日照充足的向阳、平坦、排水良好或排灌方便处为好。忌连作，前作以玉米、花生、棉花、甘薯等为好，麦类也可。

（二）品种类型

1. 尖叶荆芥　植株较高，茎较细，节间长，分枝多。叶瘦小，披针形，品质较差。

2. 圆叶荆芥　植株中高，茎较粗，节间短，叶肥大，脆嫩，卵圆形，品质好。

（三）栽培技术

1. 栽培季节　荆芥原产热带，喜温不耐寒，露地应在无霜季节栽培。因短日照下易开花结籽，菜用者以夏季栽培最适宜，3～8 月份均可播种。但生产中多采用春播。春天栽种后，可不断采收，北方地区结合利用日光温室和大棚进行冬秋和冬春季生产，一年可四季栽培。塑料大棚以春提早栽培为主，可以单作，也可与喜温蔬菜间套或混作，还可利用麦茬地种植，麦收后立即整地播种。

2. 整地播种　荆芥种子小，整地必须细致。播前多施基肥，每 667 米² 用堆肥、厩肥、熏土 1 500～2 000 千克，撒施地面，翻深 25 厘米左右，反复细耙。将土面整平，做成平畦，4 月下旬至 6 月上旬播种。播时拌细沙或细土，再覆盖厚约 1 厘米的细土，出苗后间苗，2～3 叶时即可定植。

在 5～6 月份也可夏播。播种方法有点播、条播、撒播，以条播较好。点播时，窝行距 17～20 厘米，窝深 5 厘米左右，窝内浇人畜粪水，每 667 米² 约 1 000 千克，种子均匀撒窝内，每 667 米² 用种量 250～300 克。条播时，在畦上开横沟，沟丛距

约 20 厘米、深 5 厘米左右，施人畜粪水，然后撒入种子，播后不覆土，只用脚稍加镇压，使种子与土壤密接即可，每 667 米^{2}用种量 500 克左右。撒播时，先向畦面泼施人畜粪水，然后均匀撒播种子，并用木板稍加镇压，每 667 米^{2}播种子 500～700 克。

育苗移栽，只宜春播。播种应比直播早。采用撒播，每 667 米^{2}用种量 750～1 000 克，也可用种子撒于畦面，稍加镇压，并用稻草覆盖畦面。发芽后揭去盖草。苗高 6～7 厘米时间苗，保持苗距 5 厘米左右。5～6 月份苗高 15 厘米时移栽。

3. 管理　直播田苗高 6～7 厘米和 10～11 厘米时各间苗 1 次。点播的，每窝留 4～5 株苗；条播的每隔 7～10 厘米交错留 1 株；撒播的保持距离 10～13 厘米。

点播和条播的，两次间苗，结合中耕除草，以后视土壤板结程度和杂草数量，再中耕除草 1～2 次。撒播的只除草，不浅耕。育苗移栽的，可中耕 1～2 次。

施肥宜多，一般追肥 3 次，第一次苗高 7～10 厘米时，每 667 米^{2}施人畜粪水 1 000～1 500 千克；第二次苗高 20 厘米时，施人粪畜粪水 1 500～2 000 千克，第三次在苗高 33 厘米时，施腐熟菜饼 50 千克和熏土 300～400 千克，混合撒施于株间。

幼苗期需水较多，要及时浇水。成株后抗旱力强，忌水涝，如雨水多，需排除积水。

（三）采　收

荆芥播后 20 多天就可采收。采收标准是芽长 4～6 片叶、嫩茎高 10 厘米以上。采收要及时，一般每隔 7～10 天采 1 次，收获期长达 4 个月，采收时有时先间拔采收，随后再采收嫩尖。药用时当穗上部分种子为变褐色，顶端的花尚未落尽时，选晴天露水干后用镰刀从基部割下，或连根拔起，全株割下阴干后即为全荆；贴地面割取晒干后称荆芥。摘取花穗，晒干称荆芥穗，其余地上部由茎基部收割，晾干，即为荆芥梗。运回，摊晒场上，晒至七八成干时，收于通风处。菜用者在苗高 10 余厘米时，摘嫩顶上市。

（四）利　用

荆芥嫩茎叶可作凉拌菜，有清凉蒲荷香味，可防暑，增进食欲，与鱼同食，可去鱼腥味，常作调味品。若加工，则可速冻，也可罐藏或干制。

《神农本草经》记载：假苏，味辛温，主寒热，鼠瘘、瘰疬、生疮、破结聚气，下瘀血，除湿痹。现代药理研究发现，荆芥具有解热、镇痛、抗炎、抗病原微生物、止血和抗氧化等作用，常用于感冒发热、头痛、咽喉肿痛、麻疹、风疹、疮疡初起、便血、崩漏、吐血、衄血、产后血晕、痈肿、疮疥和瘰病，益力添精，通利血脉，消食下气，有醒酒、助脾胃、利五脏等功效；花穗入药，有解热、发汗、祛风、利咽的功效，可消除咽喉肿痛、失眠等病症。荆芥处方用名荆芥、荆芥穗、炒荆芥及荆芥炭，常用处方有荆防败毒散《摄生众炒方》和荆术散《集验方》等。在以上处方剂中，荆芥皆为主要药物，主要取其疏风清热，解毒消肿之功。近年对荆芥的研究开始转向荆芥挥发油及其穗部。

荆芥主要成分为挥发油，另外荆芥花穗还含有荆芥苷 A、B、C、D、E，以及香味素等多种成分。

近年来，除药厂将荆芥作原药外，还广泛用于饲料、香料加工行业，荆芥油出口东南亚各国的数量也逐年增加。目前，荆芥商品市场库存薄弱，批量走畅，统货价格现涨至 4～6 元/千克，按现在市场供求情况，荆芥在未来 2～3 年内将出现较大缺口，因此发展荆芥产业很有潜力。

十、芥 末

芥末俗称芥、辛芥、辣芥、幽芥、大芥、芥菜子、青菜子、白芥子、黄芥子，属十字花科芸薹属 1～2 年生草本蔬菜。芥原产亚洲，是我国著名的特产蔬菜，全国各地都有，欧美极少栽培。以其种子入药和作调料用。烹调中取其种子制成芥末或提取芥末精油调和滋味。芥末有较刺激的辛辣味。主要呈味成分为芥子苷、芥子酶、芥子碱和芥子酸等。

（一）生物学特性

主、侧根分布在约 30 厘米的土层内。茎短缩，高 30～150 厘米，常无毛，有时幼茎及叶具刺毛，带粉霜，有辣味；直立，有分枝。叶片着生在短缩茎上，有椭圆形、卵圆形、倒卵圆形、披针形等形状，叶为绿色、深绿色、浅绿色、黄绿色、绿色间纹或紫红色。基生叶宽卵形至倒卵形，长 15～35 厘米，顶端圆钝，基部楔形，大头羽裂，具 2～3 对裂片或不裂，边缘有缺刻，具小裂片；茎下部叶较小，边缘缺刻，有时具圆钝锯齿，不抱茎；茎上部叶为窄披针形，边缘具不明显疏齿或全缘。总状花序顶生，花黄色；萼片淡黄色，长圆状椭圆形，直立开展；花瓣倒卵形。花期 3～5 月份。长角果线形，果瓣具 1 突出中脉。果期 5～6 月份。种子球形，直径约 1 毫米，紫褐色。

耐寒力较强，在我国南方多数地区都能安全越冬。芥菜幼苗生长适温为 20～26℃，要求充足的光照，若光照不足或种植过密，则会影响产量和品质。芥菜的根系发达，生长前期要求较高

的土壤湿度和空气湿度，生长后期仍需保持一定的土壤湿度，植株生长速度加快，需水量较多，芥菜喜冷凉湿润环境，忌炎热、干旱，稍耐霜冻。适于种子萌发的旬平均气温为25℃，最适叶片生长的旬平均气温为15℃，食用器官最适生长的气温为8～15℃，但茎用芥菜和包心芥食用器官的形成要求较低的温度，一般叶用芥菜对温度要求不严格。芥菜对土壤要求不严格，但以土层深厚、富含有机质的壤土为好。土壤 pH 值以 6～7 为宜。芥菜对肥料的要求以氮肥最多，钾肥次之，磷肥再次之。

（二）品种分类

芥菜经过长期选择和栽培，培育出了根芥、茎芥、叶芥、薹芥、芽芥等变种。根芥也叫芥菜疙瘩，用来腌制咸菜，就是指大头菜。茎芥有笋子芥、茎瘤芥、抱子芥。榨菜是一种半干态非发酵性咸菜，以茎用芥菜为原料腌制而成，与欧洲酸菜、日本酱菜并称世界三大著名腌菜。腌制榨菜的是优良茎用芥菜，也称为鲜菜头，鲜菜头也可做小菜，配肉炒或做汤，但更多用于腌制。叶芥有大叶芥、小叶芥、白花芥、花叶芥、长柄芥、凤尾芥、叶瘤芥、宽柄芥、卷心芥、结球芥、分蘖芥、薹芥。叶芥俗称雪里蕻，可制作成梅干菜。

以种子颜色分，除芥菜种子称黄色芥子外，尚有产于欧洲和北美的白芥（种子称白芥子），以及产于意大利南部的黑芥（种子称黑芥子）。白芥菜或黄芥菜，广泛栽培于中国、日本、印度、澳洲、美国西部、加拿大、智利、北非、意大利、丹麦等地。棕芥菜生长在英国和美国，黑芥菜仅在阿根廷、意大利、荷兰、英国和美国。

（三）芥菜栽培技术

1. 土壤选择与整地　芥菜的前作一般是瓜类、豆类和茄果类作物，也可与粮地、水稻进行轮作。选择土层深厚、富含有

机质的壤土和黏壤土种植。前作收获后，一般每 667 米^{2}施入农家肥或堆肥 4 000～5 000 千克、过磷酸钙 30～50 千克、硫酸钾 15～25 千克或草木灰 250 千克作基肥，翻耕入土。土壤翻耕深度要达到 25～30 厘米，平整土地后做 1.2 米包沟的高畦，在山地和排水良好的地块可作低畦栽培。

2. 播种与育苗　芥菜可以育苗移栽，也可以直播。为管理方便，充分利用土地，不少地方都用育苗移栽法种植芥菜。

一般用种子直播。春播在 4～5 月份，秋播多在 8 月下旬至 9 月下旬。山地及水源条件较差的地方，可适当早播，在灌溉方便和土壤湿度较高的田地，可适当迟播。多采用开穴点播，穴深 2～3 厘米，每穴播 5～6 粒。播后盖细土或加有草木灰的细渣肥。也可育苗移栽，育苗的播期要比直播的提前 10 天左右。定植期为 9 月下旬至 10 月中旬。定植后要浇透定根水，到缓苗前若无透雨须再浇水 1～2 次。

3. 田间管理　芥菜播后一般 3～5 天可出苗，出苗 20 天左右可见 2 叶 1 心，此时要进行间苗。直播的每穴留 3 株，再长 10～15 天，要进行定苗，每穴只留 1 株。直播的当幼苗 2 叶 1 心时，在间苗时中耕除草后要追施第一次肥料提苗，肥料宜轻施，每 667 米^{2}以农家清粪水 5 000 千克，兑施 15～25 千克尿素即可。定苗后进行第二次中耕除草并进行第二次追肥，每 667 米^{2}以农家粪水 5 000 千克、尿素 25～30 千克、硫酸钾 15～20 千克一并施入。定苗后 15 天左右进行第三次中耕除草，随后进行第三次追肥，每 667 米^{2}施以农家粪水 5 000 千克、尿素 25～30 千克、硫酸钾 20～25 千克。应结合施肥进行灌溉。以后要根据苗情再追肥 2～3 次。在整个生长期中施肥原则是先轻后重、先淡后浓。浇水应实行小水勤浇。中耕除草一般进行 3～4 次，第一次进行浅中耕，第二次可进行深中耕 10～15 厘米，第三次进行浅中耕，第四次要根据苗情轻度中耕，拔除杂草。在种株始花期，株高 1.1 米时结合田间管理摘除主茎花薹。为提高种子产量，每天上午进行人工辅助授粉。8月下旬，有80%的种荚发黄、种粒饱满时收获，然后晾晒，可以加工成芥末。春播于7～8月份采收，秋播于翌年5月中下旬采收。

（四）种子的加工和利用

芥菜的种子称为芥子，又叫芥茉子，黄芥子。夏末秋初果实成熟时采收，晒干后脱粒。芥菜子可直接使用或捣成粉末后使用。芥子含黑芥子苷，遇水经芥子酶的作用生成挥发油，主要成分为异硫氰酸烯丙酯，有刺激辛辣味及刺激作用。加水时间愈久愈辣，但放置太久，香气与辣味会散失。加温水可加速酵素活性，会更辣。粉状芥末也如此，变干后会失去香味，若把芥末混水做成酱，则可散发其辛辣味。芥菜子的风味成分与品种有极大关系，干黄芥菜子基本无气味，即使在粉碎时也是如此，遇水后有十分辛辣的气息，一上口有点儿苦，之后转化为强烈刺激性的火辣味。棕芥菜和黑芥菜在干的时候就有芥菜辛辣刺激气息，在潮湿时气息更强，味道开始为苦，后为极端刺激性的辣。黄芥和黑芥菜的辣度相似，可以换用，但都比黄芥菜辣，使用时常将这3种芥菜子末按不同比例调和，制取不同辣味的调味品。

种子精油主要组分为对一伞花烃、异硫氰酸甲酯、异硫氰酸丙酯、异硫氰酸丁酯、异硫氰酸苯甲酯、异硫氰苯乙酯等。种子是香辛料和油的原料。根、茎、叶等清香可口，鲜嫩质脆，可作蔬菜。整粒芥菜子可用于腌制、熬煮肉类，浸渍酒类，还可用于调制香肠、火腿、沙拉酱、糕饼等。

芥子入肴调味多将其磨成粉，再加温开水拌成稠糊，在室温下焖制或酶解1～2小时，待发出强烈辛辣味后使用；也可配以醋、香油、糖，增加光泽，除去苦味，增加酸香。芥末多用于凉拌菜肴中，也可拌凉面、凉粉；做味碟，用以蘸食菜肴、水饺等；还可作酸菜、蛋黄酱、色拉，咖喱粉等的调味品。近年市场上出售的芥末油，是将芥末中精油蒸馏收取后再配以色拉油制成，它较芥末酱使用更方便。

芥子能刺激皮肤，扩张毛细血管，对皮肤有刺激作用。芥子水浸剂对堇色癣菌、黄癣菌等皮肤真菌有抑制作用。

十一、香芹菜

香芹菜，又名欧芹、荷兰芹、皱叶欧芹、法国香芹、叶香芹、香芹、石芹、洋芫荽、洋香芹、旱芹菜、香茜、香菜等。为伞形花科欧芹属中1～2年生草本植物。原产地中海沿岸，西亚、古希腊及罗马，现在英国栽培最多，欧美也在广泛种植，日本和港澳地区栽培也较多。香芹传入我国约有百余年历史，现在国内沿海大城市郊区均有栽培。香芹分叶用香芹和根用香芹两种，一般栽培中均为叶用香芹，主要食用嫩叶和嫩茎。根用香芹简称根香芹，是香芹菜的变种，主食肉质根。20世纪初叶，根用香芹传入我国，先后在北京中央农事试验场和上海郊区试种，但一直未得到推广，目前国内也很少栽培。香芹是一种营养成分很高的芳香蔬菜，胡萝卜素及微量硒的含量较一般蔬菜高。每100克嫩叶中含蛋白质3.67克，纤维素4.41克，胡萝卜素4.3克，维生素B_1 220.11毫克，维生素C 76～90毫克，钙200.5毫克；钠67毫克，镁64.13毫克，磷60.42毫克，铜0.091毫克，铁7.66毫克，锌0.66毫克，钾693.5毫克，硒3.89毫克。作香辛蔬菜，宜生食，或做羹汤及其他蔬菜食用品的调味品，深受人们欢迎。常食用能增强人体免疫力，预防癌症的发生。香芹的果实和种子中含有挥发性精油，可用蒸馏法提取，精油中含类黄酮的成分，有利尿和防腐作用。香芹的叶片咀嚼后可以消除口腔异味，是天然的除臭剂。近年来，香芹作为特种蔬菜，在我国沿海地区，如上海、江苏、山东等省（市）发展较快，取得了良好的效益。

（一）生物学特性

香芹菜为直根系，入土较深。生产中均采取育苗移栽，主根被切断，植株在根茎下留有一段直根，分生几条侧根，主要分布在 20 厘米深的土层内。基出叶簇生，深绿色，卷曲皱缩，一株叶可多达到 50 片。叶为根出二三四羽状复叶，外观似芹菜和芫荽，小叶有深缺刻，叶缘呈锯齿状皱缩。株高 50 厘米左右，叶柄较细，长 10 厘米、粗 0.5 厘米，绿色紧实，营养体经一定时间低温通过春化阶段，在长日照较高温度下抽薹开花。花序伞形，花小，色白，有香味，两性花。种子小，深褐色。有板叶和皱叶两种，前者叶扁平而尖，缺刻大卷皱少，根、叶供食；后者叶缺刻细裂卷皱，呈鸡冠状，叶片供食。早期人们对品种并不了解，认为板叶和皱叶的区别在于栽培方法的不同。英国园丁认为在播种前伤了种子或用石磙将幼苗压平，就能长出具有弯曲叶片的皱叶香芹。人们喜爱皱叶型品种，不仅是因其外观美丽，而是因尖叶型与一种叫"毒芹"的杂草相似，为了防止误食毒草，干脆摒弃了板叶种类。我国种植的主要有日本种和欧洲种。目前在浙江采用山之绿、完全 2 个日本种，其特点是生长势强、产量高、叶柄宽、叶肉厚、叶色浓绿、卷叶密、商品性好、耐热、抗病、容易栽培。在吉林省栽培的有以下 4 个种。

1. 一号芹菜 由日本引进。长势强，植株高大，产量高，叶柄宽，叶肉厚，不易衰老，鲜绿色，外观好，抽薹晚，抗病性强，容易栽培。要注意经常保持土壤湿润，避免干旱。

2. 莱峨 由丹麦引进。叶卷曲黑绿色，外观好看，质量好，耐寒性强，播种后 90 天左右可收获，可陆续采收。

3. 卡芦林 由丹麦引进。短茎，叶卷曲，成熟后绿色保持较久，香精油和干物质含量高，适于鲜销和速冻。栽培简单。

4. 帕伍思 由丹麦引进。属改良种，茎实心，挺直，叶色墨绿，产量较高，耐热、耐湿，适宜在温、湿度较高季节栽培。

（二）对环境条件的要求

香芹菜喜温和湿润气候，比较耐寒，幼苗能耐受 $-5 \sim -3℃$ 低温，成株能耐受短期 $-10 \sim -7℃$ 的低温，种子在 4℃ 低温下开始发芽。生长发育温度为 $5 \sim 35℃$，发芽适温 $20 \sim 22℃$，最适生长温度 $18 \sim 20℃$，超过 28℃ 生长缓慢，长期低于 $-2℃$ 会发生冻害。幼苗在 $2 \sim 5℃$ 条件下经 $10 \sim 20$ 天完成春化。较耐阴，但光照充足时生长旺盛。比较耐弱光，但幼苗时期有充足光照时，植株生长旺盛。较短的日照，对植株营养生长有利，长日照促进植株花芽分化。芹菜种子播后吸足水分，在 25℃ 条件下 7 天出苗，长至 $5 \sim 7$ 片叶时变成秧苗。具有一定叶面积后，心叶继续生长，营养体迅速增加，基部短缩茎上的叶芽陆续分化抽生叶片，植株呈现叶丛状，养分吸收力增强。

香芹菜不耐涝也不耐旱，栽培香芹菜的土壤宜选保水保肥力强、有机质丰富的壤土。对土壤酸碱度适应范围较宽，在微酸至微碱性土壤中均能生长。为促进叶片分化、生长，需充足的氮肥和适量的磷、钾肥。香芹菜与芹菜一样对硼素比较敏感，缺硼易发生叶柄劈裂。适宜的土壤 pH 值 $5 \sim 7$。

（三）栽培技术

1. 育苗　可以直播也可采取育苗移栽。育苗时期因地区气候差异而不同。长江流域，露地可于春、秋种植两茬。春季播种育苗，要在一定保护条件下播种；秋播可在 $7 \sim 9$ 月份，要注意采取遮阴、降温措施。浙江在海拔 850 米高的大峡谷镇，在 2 月下旬至 3 月上旬采用大棚育苗，4 月底至 5 月上旬定植，$7 \sim 10$ 月份收获。北方地区，采取早春保护地育苗，春末到夏初定植，产品从夏至秋供应。盛夏高温多雨的地方，注意排水，防涝，遮阳栽培。冬、春季生产时，可在夏季育苗。

应选土层深、通气性好、排灌方便的沙壤土，每 667 米^2 施堆肥 2 000～3 000 千克、过磷酸钙 25 千克、硫酸钾 5 千克。栽植前 1 个月，反复晒垡，或用噁霉灵（绿亨 1 号和 2 号）杀菌、杀线虫。直播者施肥后整地做畦，深沟高畦，畦宽 1 米左右，按行距 33～40 厘米、株距 12～20 厘米穴播，覆土以不见种子为度，上盖一层稻草，夏播时拱棚上覆盖遮阳网。香芹种子皮厚而坚硬，并有油腺，吸水难，发芽慢，故宜浸种催芽。浸种 12～14 小时后用清水冲洗，并轻揉，搓去老皮，摊开稍晾干后再播。

育苗宜采用穴盘育苗，用 288 孔苗盘，每 667 米² 需苗盘 39 个，基质为草炭∶蛭石＝2∶1，配制基质时加入三元复合肥（氮∶磷∶钾＝15∶15∶15），复合肥 0.75 千克。也可准备好苗床，每 667 米² 施腐熟堆肥 1 000 千克，草木灰 100 千克。整地做苗床，床面要平细。每平方米苗床播种量 2～2.5 克，每 667 米² 定植田需种子 13～15 克，播后覆盖薄土。春季播种的可采用地膜加小棚双层覆盖，出苗后揭去地膜；夏秋播种的要用遮阳网或搭棚降温保湿。经 2～3 周出苗，出苗后揭去草苫或地膜，并用小刀间苗。苗期追施稀粪水 2～3 次，每 667 米² 1 000 千克，4～5 片真叶时移苗，促其发生较多的侧根。

2. 定植 选择保水、保肥力强，pH 值 6～6.5，不重茬的田块。每 667 米² 施腐熟有机肥 3 000～4 000 千克、过磷酸钙 30 千克、硫酸钾 10 千克，翻耕 20 厘米，土肥混匀，然后整地做畦，南方做高畦，北方多做平畦，畦宽 1～1.5 米。为防止夏季阳光直射，可在大田上搭棚、盖遮阳网。特别是山区，昼夜温差大，春末夏初定植初期，夜温低且白天升温慢，搭建大棚既能起到保温作用，又可避免雨水直淋植株；而进入高温夏季，棚顶改用遮阳网，侧面改用通风性良好的防虫网覆盖，既能降温，又可防虫。或与高秆作物套种，当秧苗 6～7 片真叶时定植。6～8 月份在畦上搭一个 1～1.3 米高的平棚，上盖遮阳网，晴天中午 9 时开始盖，下午 5～6 时揭掉，一直到 9 月下旬。10 月底搭小拱棚覆膜保温，使温度保持 20℃左右。育苗畦在定植前浇水，起

苗时要注意少伤根，带土坨定植。定植行株距 20～25 厘米。不宜深栽，以苗坨的土面略低于畦面为宜。

3. 肥水管理 定植后及时浇水，防止幼苗萎蔫，地表稍干燥时浇水，保证根层土壤水分充足。待温度适宜时浅中耕，促进根系生长。新叶长出后，浇水并施入少量氮肥，然后中耕除草并适当蹲苗。要保持土壤湿润，避免干旱。

当真叶长到 10 片时会有侧枝长出，如任其生长，会造成叶柄过细或植株过分繁茂，必须及时摘除。

定植后 40 天，植株进入旺盛生长期。为促进叶片不断分化，要加强肥水供应，保持土壤湿润。每 15 天随浇水追一次速效化肥，以氮肥为主，每 667 米^2 每次追施硫酸铵 20 千克或尿素 10 千克。采收期间叶面喷施 0.2% 磷酸二氢钾溶液 2～3 次。由于香芹菜以叶片供应市场，且多生食，所以不要施人畜粪尿。植株对硼敏感，缺硼易造成叶柄基部裂开，整个生长期要追施 0.1% 硼砂液 3～5 次。越夏生长的香芹，要注意雨季排水，以防根部腐烂。对苗叶基部腋芽抽生的侧枝，及时摘除。

4. 防暑防寒 露地栽培的幼苗，从 6 月中旬开始进行遮阴，即在畦上塔 1～1.3 米高的平棚，晴天上午 9～10 时和暴雨前盖草苫，下午 5～6 时揭草苫，一直揭盖到 9 月下旬，10 月底搭盖塑膜拱棚保温，11 月中旬膜上加盖草苫防霜。设施栽培的，从 6 月中旬到 9 月中旬气温明显上升，大棚顶部应及时遮阴、降低气温。10 月底以后气温下降，大棚上应及时盖上棚膜，以防霜冻。3 月中旬开始加大棚内通风量，降低棚温，延迟抽茎，延长采收期。

5. 收获 植株长到 15 片左右真叶时，可开始分期、分批采收。一般间隔 7～10 天收 1 次，每次每株可收 3～4 片叶，每次选植株中部已长大的鲜嫩成叶采收。植株下部发生较早的叶片，叶柄短，组织老化，不宜食用。最内部的心叶尚未充分伸长，叶重量很小，也不宜采收。适宜采收的叶，叶柄长 11～12 厘米，

每叶重 12 克，自基部留 2 厘米左右的叶柄，保留 1～2 个腋芽，以免损害植株。采收期 3～4 个月，每 667 米² 产量为 2 000 千克左右。采后将叶片扎成小把出售。最好把商品叶按标准捆扎包装，贴上商标，及时上市。若将叶装入塑料袋，则可防止叶片失水萎蔫、保持鲜嫩。长途运输时，还要装进塑料周转箱，箱中放适量冰块，以避免叶片发热和腐烂。

6. 采种　最好用秋播植株，从中挑出符合本品种特征，生长好、抗病虫、品质优、产量高的植株留种。将留种植株保护过冬，翌年春天不采嫩叶，以使制造和积累更多的养分，供开花结籽用。5 月份植株抽薹开花，7 月份种子成熟，将植株割下，放在太阳下晒干或放在通风处吹干，脱粒。将种子贮放在布袋或陶瓷容器中。香芹为异花授粉植物，品种间容易杂交，留种时应与其他品种隔离 1 000～2 000 米。若遇连阴雨天，不能及时采种，雨水往往积存在花序中心，造成花序腐烂，因此应在种株上面搭棚或盖棚膜防雨。

（四）日光温室栽培

1. 播种育苗　香芹菜可以直播，但一般采用育苗移栽的方法。日光温室秋冬茬栽培，7～8 月份开始播种育苗。播前可在凉水中浸种 10 小时左右，放在 15～20℃条件下催芽，一般种子"露白"时播种，撒播或条播，条播行距 10～13 厘米。播种要均匀，1 米² 苗床用种 2～2.5 克，播后覆盖细土 0.5～0.7 厘米，还要盖遮阳网或搭棚降温，每天浇 1 遍"过堂水"降低地温，直至出苗。出苗后适当控水，1 叶 1 心时开始间苗，以后每长出 1 片叶就间苗 1 次。日历苗龄 30～40 天，具 5～6 片真叶时定植。

2. 定植　定植地块避免重茬。土壤宜肥沃、疏松。定植前每 667 米² 施充分腐熟有机肥 2 000～2 500 千克，过磷酸钙 25 千克，硫酸钾 5 千克，混匀后撒施、翻耕，使粪土混合，翻土拌匀后做成 80～120 厘米宽的畦。定植株行距为 15 厘米×20 厘米，

18 000 株 /667 米^2。

3. 肥水管理 定植后及时浇水，约 3 天后苗即成活，7 天可萌发新叶，这时要保持土壤湿润。若扣棚前遇雨，要及时排除积水，若不及时排除，加上气温高，则香芹基部会腐烂。香芹生育期间要追肥 3～4 次，每 667 米^2 可施尿素 5 千克，叶面喷施 0.1%～0.3% 磷酸二氢钾溶液。

4. 中耕除草 香芹前期生长缓慢，杂草常会阻碍其生长，所以除草十分必要。应适时中耕除草，一般中耕 3～4 次，每次采后也应中耕。因为浇水常会促使土壤板结，所以要注意中耕松土。香芹根系浅，中耕不宜过深。

5. 采收 当植株达 15 片真叶以上时可开始采收。采收方法是剪（或摘）取中部 2～3 枚叶片，留下生长点和幼叶，基部要留长 1～2 厘米的叶柄。春、夏季 3～4 天采收 1 次，冬季 7～10 天采收 1 次。采下的叶片应按标准捆扎，并用保鲜膜包装，以防叶片失水萎蔫。长途运输用碎冰降温保鲜。香芹每 667 米^2 产嫩叶 1 300～2 000 千克。

（五）大棚香芹菜的栽培

1. 培育壮苗 春播要在大棚等保护地条件下播种。播种期以 4 月中旬为宜。秋播期幅度宽，7～9 月份均可，最佳播期为 8 月中旬。早秋播种时，正值高温季节，要注意遮阴降温和保湿。播种前准备好苗床地，床地要便于灌排，土壤疏松肥沃，水分适度。每 667 米^2 床地施入腐熟粪肥 1 000 千克和适量的砻糠灰，然后翻土捣细，平整床面，做成苗床。播种要均匀，播种后覆一层细土，盖没种子。春播要用地膜，上用小棚或大棚双层覆盖。出苗后揭去地膜。早秋播时要盖遮阳网或搭荫棚，保湿降温，出苗后早、晚浇水。一般苗床内不需要施肥。幼苗 5～6 片真叶时可定植到生产田。

2. 科学定植 定植田块避免重茬。定植前施肥，翻土拌匀后做畦。露地栽培时要铺地膜。大棚栽培生长好，可延长采收期，能周年生产和供应。香芹菜根的再生能力较强，苗龄可大可小。可根据大棚腾茬情况适期定植，但以小苗定植为宜。定植密度每 667 米^2 18 000 株，株距 15 厘米、行距 20 厘米。

3. 大棚管理 从 10 月底至 11 月中旬，气温明显下降，大棚草苫上应及时盖一层薄膜，防止霜冻。冬季还可在棚内搭小环棚保温。晴天中午棚内温度升高，可适当通风降温。夏季高温不利于生长，应在大棚上覆盖遮阳网，降低棚内温度，还能防止暴雨冲刷。

定植后要浇活棵水，约 3 天成活，7 天后可萌发新叶，这时要保持土壤湿润，避免干旱。出叶生长旺期，除了浇水外，还应施适量肥料，每 667 米^2 施 3 千克尿素，叶面喷施 0.3% 磷酸二氢钾溶液。采收后仍要施肥，促进生长。

浇水或施肥常会出现土壤板结，要注意中耕松土和除草。中耕要浅，不能伤根系。中耕宜在采收后进行，便于操作。

（六）采收加工

1. 叶片的采收 一般在香芹植株叶片总数有 15 片，心叶已经团棵并横向伸展，已开始封垄时采收，过早采收会影响植株的生长，降低产量。采收时要注意，基部一轮的老叶不要采摘，留作制造光合产物的功能叶；靠上部的新生出的幼叶和未长成的叶片还要继续长大，待其成长后再采收。每次采收时只摘植株中部商品质量好、老嫩适中的 2～4 片已长成的叶片。春、夏季每 3～4 天采收 1 次，冬季则需 7～10 天采收 1 次。采收时要手轻，不要扯伤嫩叶和新芽。为保护腋芽不受损伤，可用剪刀在叶片基部下留 1～2 厘米剪收。

2. 种子的采收 春、夏播的香芹经过冬季的低温春化阶段，翌年都能开花结果，8～12 月份种子成熟后，将其采收、晾干、脱粒后贮存，不宜暴晒。

3. 加工 作药用的香芹菜籽油，以成熟果实或种子为原料，采用水蒸气蒸馏方法制取，得油率一般为 2% 左右。

（七）利 用

香芹以叶片褶皱较多的品种为好。优质香芹叶颜色鲜绿，有光泽，无病虫害，无枯叶，无腐烂。适宜贮藏温度 0℃，在家庭冰箱中冷藏可放 4～5 天。

香芹主食部位为嫩茎叶，多作香辛料，是中、西餐的常用菜。与肉类煮食，可增加风味。香芹叶可除口臭，如吃葱蒜后，咀嚼一点香芹叶，可消除口齿中的异味。香芹的果实（即种子）和根群中还含有利尿精油，其中含有类黄酮成分，有利尿和防腐作用。果实中利尿精油的含量为 2.6% 左右，根中的含量为 0.1%～0.3%，所以果实的药效要比根的高。在西方国家，医学界把香芹推荐用于治疗膀胱炎和前列腺炎的蔬菜膳食谱中，或与利尿草药混合使用。

十二、艾蒿

　　艾蒿，别名艾、艾草、龙蒿、灸草、野艾蒿、甜艾、香艾、艾叶、薪艾、艾萧、塔里根等，原产于中亚、西伯利亚、南美马拉圭和马西交界的高山草地。世界各地都有栽培，出口地是俄罗斯的东南地区和南欧。早在 2 000 多年前，艾蒿就已成很重要的民生植物。据战国时期的《五十病方》记载，艾蒿一般用于灸术的"灸"。现代研究证明，艾蒿烟对多种致病菌和病毒都有抑杀作用。艾蒿与我国人民的生活有密切关系，在端午节的时候，人们总是将艾蒿置于家中以"避邪"，并用其植株泡水洗澡或熏蒸。

　　艾蒿属菊科艾属多年生草本或亚灌木，株高 120～140 厘米，茎直立，被灰白色绵毛，植株有浓烈香气。叶互生，长卵形，基部急狭或渐狭成一短柄，或稍扩大呈托叶状；叶片羽状深裂或浅裂，裂片边缘有齿，上面被蛛丝状毛，有白色腺点，下面具白色或灰白色茸毛，上部叶片无柄，三裂或全裂。头状花序，淡褐色或带红色。瘦果，无毛。具较强抗旱能力，但在水分充足时长势较好。喜阳，较耐寒，在 -42℃条件下能安全越冬。春季返青早，幼苗能耐 -4～-2℃的低温；耐瘠薄，有一定的耐阴性。对土壤的要求不严，但在排水良好的沙壤土上生长较好。光照强条件下，其气味浓烈。冬季低温时，植株忌湿。播种繁殖或根茎繁殖均可。

　　分株繁殖且在保护地内生产的，可于 2 月底至 3 月初将尚未发芽的母株连根挖出，抖去泥土，将母株分份，每一株保证有 2～3 个芽，并带有须根，即可分栽，20 天后可采嫩茎叶。露地生产的，可延后 1 个月进行。扦插繁殖的，在最低夜温不低于 13℃时均可进行。但早春扦插易生根。插穗应选较粗的枝条，并截去顶端柔弱部分，北方春季扦插，宜用塑料薄膜覆盖，保持湿度，保证温度。待长出新根和新梢后，再撤去覆盖物。扦插生长天数约为 50 天。露地栽培的冬季需要覆土护根，或秋季将植株移入温室。

采收鲜嫩株头及嫩叶为目的的，每年 3 月初越冬的根茎开始萌发，4 月初采收第一茬，每年采收 4～5 茬。以采艾叶为目的的，一般在夏季花未开时采摘，将叶片直接晒干或烘干。晒制干草饲料的，可在盛花期刈割，刈割时留茬高度 8 厘米左右，每年刈割 1～2 次。不同产地的艾叶成分有明显差别，并随挥发油的不同提取方法而有变化。

艾蒿具芳香，抗性强，管理粗放，可较快形成地被植物，可种植于林缘，林下，与桥木搭配景观效果强，也可用于岩石园。

辛香料主要是艾蒿的干叶，精油和油树脂。叶略带甜味，适宜加入醋腌菜制成开胃小菜，或加入酱料中提味等。艾蒿有芬芳的辛香气，具茴香和甘草气味，后味尖刻而香味浓烈。精油为淡黄色或琥珀色液体，由艾蒿的茎、叶、花经水蒸气蒸馏得到，似甘草和甜罗勒。油树脂为暗绿色黏稠液体，香味与精油相仿，适用于西方饮食，为法国菜常用，是法国芥菜中专用添加料。艾蒿精油除用于日用香精外，可用于软饮料和酒香精调配，配制多种调味料、汤料和作料。

艾蒿是妇科常用药之一，煮水洗浴时可防治产乳期母婴感染疾病，或制药枕头，药背心，防治老年慢性支气管炎或哮喘及虚寒胃痛等；艾叶晒干捣碎得"艾绒"，可用来制艾条供艾灸用，或制作馨香枕头用，也可作天然植物染料"印泥"的原料。此外，全草可作杀虫药，在房间熏烟灭杀害虫。艾蒿叶具有暖宫安胎、调经止血、散寒除湿等功效，是传统的中药材，并能防止多种痰病。但它有毒性，容易引起皮肤黏膜潮红，使人中枢神经兴奋，严重的会导致抽搐。艾蒿对毛囊炎、湿疹有一定疗效。现在台湾正流行的"药草浴"，大多选用艾草。因它可治百病，为医家最常用之药。艾蒿叶还可作"艾叶茶""艾叶汤""艾叶粥"和"艾糕"等食谱，可增强人体抗病力。在服用很苦的药物前，可嚼叶片，使味觉迟钝；根可缓解牙痛。艾叶晒干粉碎成艾蒿粉，是家禽的优质饲料添加剂。

十三、薰衣草

薰衣草，别名香水植物、灵香草、香草、黄香草、爱情草、拉文达香草、穗状薰衣草、菜薰衣草等。薰衣草为唇形科薰衣草属多年生草本或半灌木植物的总称。因其功效最多，被称为"香草之后"。全株芳香，叶片作烹饪的调料，而主要为收获花穗提取芳香油。我国已有栽培，为一种观赏及芳香油植物，花中芳香油是调制化妆品、皂用香精的重要原料，为棕榄型香皂及花露水香精中主要原料。薰衣草的芳香气能醒脑明目，使人舒适，具有洁净身心的功效，是当今世界重要香精原料。精油的主要成分为芳樟醇、乙酸芳樟酯、乙酸薰衣草酯等。芳樟醇是薰衣草精油抗菌的主要成分，它能抑制 17 种细菌、10 种真菌的生长，已证实薰衣草精油和精油蒸气均有一定的抗真菌活性。商业栽培的薰衣草，主要用花提取用于做杀菌剂和芳香疗法使用的香精油，并用于香水业、美容化妆品及保健品等。花穗还可以做干燥花和饰品。把干燥的花密封在袋子内便可放出香气，放在衣柜内可以使衣服带有清香，并且可以防止虫蛀。薰衣草还有"芳香药草"之美誉。从薰衣草花中提取的精油具有镇痛、消炎、抗菌、镇静、改善睡眠的作用；能够降血压，对情绪紧张与压力大、烦躁时引起的高血压有舒缓放松的作用；能促进细胞再生，对于烧伤或烫伤也有显著疗效；可改善粉刺、脓肿、湿疹，保持皮脂分泌平衡；还具有驱虫作用，可驱走蛾类与昆虫。薰衣草还可以用来观赏，美化环境。其叶形、花色优美典雅，蓝紫色花序颖长秀丽，是庭院中一种新的多年生耐寒花卉，适宜花径丛植或条植，也可盆栽观赏。一些品种可作为切花或花坛之用。用薰衣草花蜜可生产高品质蜂蜜。薰衣草的花可做薰衣草果酱，可以作为西点蛋糕的材料及装饰物。可单独使用薰衣草，或与其他香草混合作烹调食物辛香料。

薰衣草原产于欧洲南部，我国在 1952 年引入。经 40 多年的研究，确认新疆伊犁地区适合薰衣草的栽培与生长，现在伊犁是我国薰衣草最佳和最大的栽培基地，目前种植面积已达 13 000 公顷，占全国薰衣草种植面积的 95% 左右，有"中国薰衣草之乡"的美誉。

（一）生物学特性

薰衣草为多年生草本或小矮灌木，丛生，多分枝。常见的为直立生长，株高依品种有 30～40 厘米、45～90 厘米，在海拔相当高的山区，单株能长到 1 米。叶对生，为椭圆形披尖叶或叶面较大的针形叶，叶全缘。轮生花序顶生；每轮花序有小花 6～10 朵；花冠下部筒状上部唇形，上唇 2 裂，下唇 3 裂；花长约 1.2 厘米，淡蓝紫色，或粉红至粉白色。花期 6～8 月份。全株略带木头甜味的清淡香气。因花、叶和茎上的绒毛均藏有油腺，所以油腺轻轻被碰触即破裂释出香味。

薰衣草喜温暖潮湿的环境，喜光，但略耐阴，不耐严寒，较耐干旱，平地夏季种植时需进行遮光措施，或直接在高山冷凉地栽培。薰衣草需肥沃疏松排水良好的干燥壤土，更适合在富含钙质的土壤中生长。

薰衣草属有 37 个种，但以法国薰衣草和狭叶薰衣草中提取的精油品质最好。

（二）栽培技术

薰衣草栽培以露地为主，我国南方温暖处以冬季生产为主，一般暖地以春季、秋季生产为主，高山冷凉地区以夏季生产为主。北方地区为保证周年供应，可考虑在保护地种植。

薰衣草喜肥喜光，喜质地疏松土壤，忌涝，不耐重盐碱。应选择土壤疏松、肥力中等、灌排方便、有机质含量1%以上、含盐量2%以下的地块。黏性重、地下水位高的地块植株生长不良，不适宜栽培薰衣草。翻耕深度达25～27厘米。深翻前每公顷施优质有机肥7 500千克，磷肥225千克、尿素150千克作基肥。薰衣草繁殖方法主要有播种、扦插、压条等。薰衣草是异花授粉植物，种子繁殖变异大，一般不采用。扦插繁殖是各国薰衣草栽培中普遍采用的办法，可以保持品种固有的生物学特性和经济性状。插条的优劣对扦插成活率有直接的影响。在发育健旺的良种植株上，选取节距短、粗、壮且未抽穗的1年生木质化枝条，于顶端8～10厘米处截取插穗。插穗的切口应接近茎节处，力求平滑，勿使韧皮部破裂。

土壤浇透水后覆膜，立即扦插。插深5～8厘米，行距20～25厘米。提高地温，促进根系发育，勤修剪延伸枝，及时摘除花穗，促进分枝，培育壮苗。

定植时间以秋季为好，新疆伊犁地区在10月中下旬定植，株距60厘米，行距120厘米，栽后立即浇水。新定植的小苗和多年生苗在翌年5月底扒土放苗，气温回升时浇水，为小苗定根，老苗返青时浇好关键水。浇水1周后松土，保墒提温。小苗在6月20日前出现的花蕾要及时打掉，以促进植株多发枝，为当年秋季产量和翌年高产打下基础。对老苗地要做到田间无杂草，5月份初浇好现苗水，6月份浇好花期水。

（三）采 收

薰衣草的精油主要存在于腺毛中，植株各部均有腺毛，当花粉成熟时腺毛急剧增加，因此适宜的采收期是盛花期至末花期，初期和种子成熟期得油率和含酯量都低，香气也不好。薰衣草花朵70%～80%开放为最佳收获期，过早或过晚收获都会影响产量和质量。收割前 7～10 天浇水。一天中以上午 8 时至下午 6 时采收为宜，早晨露水未干及雨后不宜采收，采花部位以花穗下面第一对叶腋处为标准（开花顺序由下而上），带枝叶过多会影响精油质量，过短则花梗留在植株上会影响植株抽梢生长。收割时在花序的最低花轮以下 5 厘米左右。收获后，立即运往加工厂进行蒸馏。一时不能蒸馏的应在晾花棚内进行晾晒，晾晒厚度不能超过 20 厘米，严禁花穗发热、霉变。

以提取精油为目的的薰衣草，收获最佳时期是盛花期之前，末花期精油品质较低，因此收获期不要超过 7～8 天。收获部位不是在紧靠花下的位置，而是包括花下的一段茎及茎下的 1 对叶片的位置。这样做的原因有两个：一是花朵不会残留，如果残留会影响第二年的产量。二是这种收获位置可减少搬运中花序的脱落损失。药用和茶用花要在 40～45℃ 条件下通风干燥。否则，过高的温度会影响花色和花香，干燥前应将茎和叶片摘除。一般生产 1 千克干燥花需要 8～10 千克鲜花，定植第三年后每公顷的产量为真薰衣草精油 20～40 千克，干燥花 400～500 千克；杂薰衣草精油 50～70 千克，干燥花 500～700 千克。

（四）利　用

薰衣草主要采取水蒸气蒸馏方式提取精油。将收获的薰衣草进行水中常压蒸馏获得精油。薰衣草油主要用于配制日用化妆品香精，食品工业及香精，如花露水、爽身粉、香皂、发乳等。薰衣草精油还具有解痉、抗菌、镇静催眠及神经保护等作用。另外，薰衣草的鲜叶片可作沙拉的配料和芳香调味，花可增添果酱风味，可为果酱、醋、甜食、奶油等增添香味，并可做蜜饯，还可做盘菜的装饰，也适合做糕饼及香草茶。全草用于泡澡和护肤美容，效果很好。按我国食品添加剂使用卫生标准，规定薰衣草为允许使用的食用天然香料。

十四、甜 叶 菊

甜叶菊为菊科甜叶菊属多年生草本。别名甜菊、甜菊糖、甜草、糖草、甜茶，因全株都具有甜味，尤其叶片最甜，故名。主要成分为甜菊苷（含糖苷 10%～15%），甜度是蔗糖的 300 倍，无毒性和不良反应。它是高甜度、低热值、易溶于水和酒精、耐热、美味、成分稳定等优点的天然甜味剂，可代替糖精和蔗糖用于食品、饮料、炒货，做甜味剂时具有口味纯正，耐高温，不着色等优点。与同等甜度的蔗糖相比，甜叶菊只有蔗糖成本的 30% 左右，因此甜菊糖的生产及应用已得到许多国家的重视。甜菊糖苷对高血压、糖尿病、肥胖病、心脏病、动脉硬化、小儿龋齿具有一定的预防和辅助治疗功能。近年甜菊糖苷已广泛用于医药，如做矫味剂和辅料（片剂、丸剂、胶囊）。甜叶菊含有多种营养成分，可提取微晶纤维素，并可作饲料及食用菌的培养基。甜叶菊以叶或全草入药，许多国家都把它作为必不可少的保健品。甜叶菊除供国内需用外，其叶片和加工品还大量出口。它是食品工业和制甜工业上很有发展前途的新糖原植物，早在 20 世纪 90 年代就被上海市列为重要科技开发项目。

甜叶菊适应性非常广泛，南自海南，北至黑龙江，东至山东，西至西藏都有种植。每公顷产干叶 2 250～3 000 千克，最高可达 7 500 千克，每千克干叶按 10 元计，每公顷收益过万元。

甜叶菊原产于南美洲的巴西、乌拉圭、阿根廷，现在美国、泰国、新几内亚、斯里兰卡、罗巴尼亚、阿富汗、日本、朝鲜等国均有栽培，其中以日本和朝鲜种植较多。20 世纪 70 年代开始在亚洲试种，并引入我国。目前全国 27 个省（市、自治区）推广生产，在广东、江苏、湖南、天津、唐山等地建立了甜菊苷提取厂。目前 20 多个国家和地区使用甜菊糖，但真正具有加工生产能力的仅有中国、日本、韩国等几个国家，日本、韩国大部分产品也是从我国进口的。20 世纪 70 年代末，我国南京中山植物园首先从日本引入种子和种苗进行繁殖推广，到 1980 年全国种植面积达 333.3 公顷，1989 年成立了"中国甜菊协会"。自 20 世纪 90 年代初，我国甜叶菊生产就跃居世界首位，成为甜叶菊最大生产国与出口国，年均种植面积为 2 000～5 300 公顷，出口量都在 700～1 000 吨，占全球市场的 80% 以上。

（一）生物学特性

甜叶菊全生育期约 140 天。根稍肥大，50～60 条，长达 25 厘米。茎直立，株高 70～160 厘米，基部稍木质化，上部柔嫩，密生短茸毛。叶对生或茎上部的叶互生，披针形或广披针形，边缘有浅锯齿，两面被短茸毛。头状花序，小；总苞筒状；总苞片 5～6 层，小花管状，白色；聚药，雄蕊 5 枚，子房下位，1 室，具一胚珠。瘦果线形，稍扁平，成熟后褐色。

甜叶菊种子无休眠期，在 20～25℃ 条件下发芽率较高，光能促进种子萌发。幼苗生长慢，从播种到移栽定植，约需 2 个月。定植后茎叶生长盛期主要出现在 5～7 月份。高温季节长势下降，能耐一定低温和短期轻霜。不耐旱，耐湿性强，但不能积水。甜叶菊属于短日照植物，在我国南方栽培时开花较早，在北方则较迟。北京在 7 月份以后正是甜叶菊生长盛期，开始现蕾开花，整个花期长达 90 多天。开花后需 25～30 天种子成熟。种子成熟后冠毛随风飘扬自行传播。

（二）栽培技术

1. 选地整地 甜叶菊对土壤要求不严，大多数类型土壤均能种植，但以疏松肥沃含有腐殖质较多的土地长势良好。前茬作物以大豆、花生、绿豆为宜，不适合连作。土壤酸碱度以中性为佳，pH 值小于 5.5 大于 7.9 均不适宜。栽种地块要进行秋耕，同时合理施用基肥。耕深 20 厘米。

2. 繁殖方法　可用播种、分株、扦插等方法进行繁殖。

（1）**种子繁殖**　可育苗移栽也可直播，但因种子太小，千粒重仅有 0.25～0.32 克，饱满的种子也不超过 0.45 克，所以若用直播法，则苗期很难管理，因此种子繁殖多采用育苗移栽。种子发芽的最适温度为 20～25℃，地温和气温低于 15℃时发芽迟缓。我国南方各省通常用平畦育苗，而北方则多用温床育苗。长江南岸的播种期以 10～11 月份为宜，而北方苗畦越冬，到翌年 3 月份才可移植大田。北方因冬季严寒不宜秋播，一般 2 月份利用温室或温床育苗。甜味菊的种子外部有短毛，播前可用细沙把种子掺混起来加以摩擦，然后放温水中浸 10～12 小时。播种前用少量草木灰拌种，这样有利于把种子撒得均匀。播种后用木板轻压畦面，再用喷雾器向床面喷水 1 次，保持床土湿润。播后 7～10 天发芽出土。甜叶菊种子 1 千克约有 200 万粒，但去掉夹杂物和不能发芽的，每千克具有发芽能力的种子只有 60 万粒左右。若每 100 米^2 的播种量为 500 克，则估计能出苗 20 万～30 万株，扣除育苗期间枯萎和间掉的弱苗，实际育成壮苗 20 万～25 万株，可够栽植 1 公顷土地。幼苗 2～4 片真叶时适当追肥、浇水，从播种到幼苗长出 6 片真叶，需 30～40 天，再过 1～2 周待幼苗具有 8～10 片真叶时即可移栽到大田。春播苗宜夏栽，秋播苗宜春栽，一般带土移栽为好，最好选择阴天或晴天下午 4 时后进行。采用宽行种植时，株距 10 厘米、行间距 45 厘米，或双行带状种植，株距 10 厘米、行间距 12 厘米，带间距离 50～60 厘米，两行错开种植，栽后浇足定根水。

（2）**分株繁殖**　1 年生植株进入冬季前，地上部逐渐枯萎，但根茎仍然有继续抽出新茎的能力。在南方，老株可在田间越冬，第二年3～4月份新茎丛生，可将带有新茎的老根分劈为若干株分别栽种。在北方，可以把老株带土挖起，出土后放入地窖中保存越冬，到第二年春季分株种植。

（3）**扦插繁殖**　可在3月下旬到8月下旬进行扦插，以现蕾前剪取插穗扦插的成活率高。扦插时选健壮枝条，截取15～20厘米长的小段，扦插到育苗床中，床土相对湿度保持在70%～75%，温度控制在20～30℃。扦插前用0.01%吲哚丁酸或萘乙酸溶液浸泡插条，不仅可以提高成活率，还对根部的发育和植株生长有较好的效果。扦插苗的行株距为5厘米×2厘米，扦插后苗床上需用塑料薄膜或草苫等覆盖，以便保湿保温。

3. 田间管理　甜叶菊耐湿怕干，夏季高温缺雨、水分不足时，下部叶片容易脱落。甜叶菊需要供应足够的氮、磷、钾，通常第一年每公顷施用硫酸铵112.5～150千克。磷肥能促进甜叶菊发根和分蘖，增强抗性，提高质量，前期施足磷肥，可为后期生长打下基础，为此每公顷施过磷酸钙300～375千克作基肥。钾肥对促进同化作用，增强植株组织，提高甜度均有好处，钾肥适合勤施薄施，一般每公顷用量90～150千克，每年分2～3次追施为好。追肥浇水后地表略干，可结合除草进行1～2次松土，保持田间清洁、土壤疏松。为了促进茎叶繁茂、增加产量，当苗高20～25厘米时，可进行打顶、摘心，打顶后每株的新生分枝能达12～17条，这段时间正是需肥、需水的时期，应向根部追施磷钾肥，或向叶面喷施2%过磷酸钙或1%磷酸二氢钾溶液，以达到优质高产的目的。

甜叶菊开花授粉阶段消耗大量养分，及时加强管理很有必要，若茎枝过密，则下边的叶片容易脱落，遇急风暴雨容易倒伏，因此除了追肥、浇水之外，还应结合中耕向根旁培土，注意田间排水，保持畦间透光通风，适当采摘下部的叶片，分批采收成熟的种子。

（三）采 收

甜叶菊的叶片中所含糖甙随着植株的生长而增加，通常以盛蕾期含甙量最高。长江以南栽培的每年可收割 3 次（7～9 月份收），黄河沿岸各地可收割 2 次（7～10 月份），华北北部和东北、内蒙古一带每年只能收割 1 次（9 月份）。多年生的甜叶菊因生长快，可提早 20～30 天收获。目前生产上采用割取法，只收割离地面 20 厘米以上的茎枝，保留基部 1～2 枝带叶的小分枝，以保证叶腋抽出新枝，转入下季栽培。收获时务必选择晴天剪取枝茎，当天采收的枝条应当晚摘叶，然后摊开晾干，不能堆积，否则叶片会变黑，影响质量。大面积种植时宜用烘干机加工干燥，烘干的温度控制在 60～80℃，使叶子水分含量不超过 10%，一般 10 千克鲜叶可晒成 1 千克干叶，干燥后打捆包装，为了防止叶片发霉变质，在干燥后可装入塑料袋中，扎口密封。

甜叶菊野生性较强，花期为 7～11 月份，种子成熟期为 8～12 月份，8 月份以后种子陆续成熟，应随熟随收，留种田每公顷可收种子 60～75 千克。

（四）利 用

1. 作调味品 甜味是熟饪中独立存在的味道，甜味调味品可单独用于菜点调味，也可与其他调味品共同组成复合味。甜菊甙是从甜叶菊的叶中提取的一种天然甜味剂，可代替部分蔗糖使用；可作为糖尿病患者的甜味调味品，是制作适合糖尿病人饮用的保健饮料的理想甜味剂；可用于调味品、饮料、果酱、糖果、糕点等。

2. 作药用 甜味菊以叶或全草入药，有提高血糖，降低血压，调节胃酸，强壮身体，促进新陈代谢的功效；主治糖尿病、高血压、心脏病、肥胖症，调节胃酸，消除精神疲劳，预防小儿龋齿等。甜叶菊已在第七次国际糖尿病学会上被誉为治疗糖尿病和高血压的良药。

3. 其他 可提取甜菊苷，它是食品工业和制糖工业上有发展前途的新的糖原料。甜叶菊植株葱绿，花朵玲珑雅致，宜作自然丛植或片植，可用于花境，也可作墙前屋后的背景材料，或成片栽植于路边或草坪边及林缘。

十五、辣　根

辣根，又名西洋葵菜、西洋山葵、西洋山嵛菜、山葵萝卜、山葵大根、马萝卜、黑根等，是十字花科辣根属多年生草本植物。原产于欧洲东部和土耳其，已有2 000多年的栽培历史，大多数国家都有栽培，主产中东、南欧和英国，是国外消费者非常喜爱的调味蔬菜。我国古代已有栽培，现主要分布在沿海各地城郊，以青岛、上海较多。辣根以肉质根供食用和调料，主要是将新鲜的地下茎和根的切片磨糊后使用，还可加工成粉状。辣根具有芥菜样火辣的新鲜气味，味觉会感到尖刻灼烧般的辛辣。辣根有防腐增香作用，炼制后其味还可变浓，加醋后可以保持辛辣味。辣根是日本人最喜爱的香料，在西式饮食中也有使用。中国自古将辣根作药用，有利尿兴奋神经之功效。我国在20世纪80年代从英国引入，现在国内栽培较少，也很少食用，多用于出口日本与韩国，多在西餐厅或日本料理中见到。

（一）生物学特性

辣根植株高约1米，根肉质肥大，纺锤形，表面粗糙，表皮黄白色，中心淡黄色，具特殊辛辣味。茎粗壮，表面有纵沟，分枝多。叶大而粗糙，叶缘有缺刻，叶背有羽状网脉突起。叶型长卵圆形至披针形，揉折时散发辛辣气味。4～5月份抽生花茎，花白色，圆锥状总状花序。果实圆荚果，种子细小，扁圆形，不易得到种子。一般用根部不定芽进行无性繁殖。

辣根喜冷凉气候，生长发育适温20℃左右，高温下生长受抑制，且肉质根的黑芥苷含量也下降。对土壤适应性较广，较耐干旱，怕水涝。种植地以 pH 值 5.5～6 的沙壤或黏壤土为宜。

（二）栽培技术

多用肉质根进行无性繁殖。冬季严寒地区，初冬收获时选取直径 1～2 厘米粗的肉质根，长 3～5 厘米，略晾干切口，用生根素如吲哚丁酸 2 000 毫克/千克溶液浸泡 2 小时，或直接植株距 6～8 厘米，行距 15 厘米，平摆于保温苗床中，深约 5 厘米，覆土 3 厘米厚压实，盖塑料膜，约经 2 周后萌芽生长。植株越冬后移栽至大田。在不太严寒处，可将根直接扦插。但所截取的种根要求长 14 厘米左右，径粗以种根中部直径 1～1.5 厘米为宜。截根时斜切后把上面切平，捆成小把，插时种根不能倒插，把平面放上面。扦插苗在春季 3～4 月份定植，斜插，根深为种根的 2/3 左右。

辣根春植后一般在当年 11 月上旬可以采收，产量约 7 500 千克/公顷，翌年每公顷产量可达 30 000 千克，但肉质根常老化，品质下降。以春季种植，翌年秋冬收获最佳。采后及时清洗，或加工上市，或置于 0～2℃室内贮存。收获时注意拣出撞断的细根，否则翌年地里会长出很多种根苗，给田间管理增加麻烦。

（三）利　用

目前，辣根主要作调料使用，鲜用时将辣根打碎磨成浆，作芥末使用。近年还有人研究从辣根中提取抗癌物质，试用于抗癌药物。辣根是制造辣酱油、咖喱粉和鲜酱油的原料之一，是制作食用罐头不可缺少的辛香料，具有增香防腐的作用。辣根也多用于制作辣根寿司，佐食冷肉类，如生牛肉片、生鱼片等，还可佐食冻类菜肴。此外，辣根还可加工成辣根片、辣根粉、辣根油、辣根膏等。

辣根味辛、性温，中医学中用于治疗消化不良、小便不利、胆囊炎、关节炎等。辣根是良好的利尿剂及通经剂，适于有闭经与水肿等问题的女性。慢慢嚼食新鲜辣根，可消除口腔发炎与牙床萎缩等疾病。用新鲜辣根的汁液外用涂抹，可起到减轻皮肤疼痛的作用；辣根根部切片后与牛奶一起煮，能清洁脸上的面疱及粉刺，对油性肌肤特别有效。辣根可用来预防坏血病、淋巴腺疾病等，新鲜辣根加上玉米淀粉后，调成糊状，先涂在纱布上，然后直接贴在患处，能促使血液流到发炎关节处，减轻风湿症引起的疼痛和僵硬。辣根精油为绝佳的毛发刺激剂，如取 10 毫升大豆油，40 毫升葡萄籽油，2 滴小麦胚芽油与 30 滴辣根精油，可调制成护发用的天然香氛底油，按摩在头皮上，停留数小时，用温和的洗发精洗掉，可起到护发生发的效果。辣根对气喘与咳喘有奇效，每日饮用磨碎的辣根加上蜂蜜和温水适量，可治疗这类疾病。辣根可治疥疮，辣根皮研末，加猪油捣烂，用纱布包裹、烘热，涂擦患处。过量食用辣根可刺激胃肠道，甲状腺功能低下者禁用。此外，辣根的敷剂可引起水疱。近年研究发现，辣根具有较强的抗癌效果，药用成分黑芥苷、辣根酶、胆碱等。黑芥苷是一种具强烈辛辣味的挥发性物质，有刺激胃肠、增进食欲的作用。辣根酶、胆碱等有助增强人体免疫功能，提高人体的抗病能力。

十六、三 七

三七为五加科有参属多年生草本植物。三七又称田七，因历来以广西右江田州（今田阳县）为集散地而得名，又称人参三七、参三七、文州三七。三七根状茎，全草入药，是特有的传统名贵中药材。性温，味微苦，具有祛瘀止血，消肿定痛的功能，用于治疗咯血、吐血、便血、崩漏、外伤出血、跌扑肿痛等症。现代医学和实践也表明，三七具有止血、活血化瘀、抗炎、消肿定痛、抗衰老和提高机体免疫的功能；同时，其所含人参皂苷 Rg 类和人参皂苷 R_1 对中枢神经系统有兴奋和抑制作用。其药理活性主要在于改善血液系统和心血管系统的功能，滋补强壮，调节免疫等，是国家卫生部认定的保健药品。

三七主产云南和广西。此外，四川、贵州、广东、湖南、福建、江西、湖北、浙江等地也有少量栽培。其中，云南文山州是我国三七的主产区，种植面积 3 600 公顷，产量达 1 200 多吨，占全国产量的 90% 以上。目前，以三七为主要原料开发出的产品有 6 大类 300 多种，涉及药品、保健品、药酒、饮品和化妆品等。我国有 300 多家企业生产三七制剂，其中 4 个产品（复方丹参片、三七片、三七伤药片和跌打丸）的三七用量占全国医药工业总用量的 70%，仅文山州的三七加工业产值就达 10 亿元以上。

（一）生物学特性

三七高 30～60 厘米。根状茎短，有肉质根一至数条，呈胡萝卜状或圆柱状。单茎直立、不分枝，茎表面有纵条纹。叶掌状深裂，2～5枚轮生于茎顶；小叶5～7枚，倒卵状椭圆形，长3～10厘米，宽1.5～5.6厘米，先端渐尖，基部圆形至宽楔形，边缘有锯齿，两面脉上有刚毛。伞形花序单生茎顶。花小，绿白色。萼5齿裂，裂片三角形。花瓣5枚，卵圆形。雄蕊5枚。花柱2枚，中部或以上合生。子房上位，2室。果球形，熟时红色。种子1～3粒，卵球形，白色，表面微皱。花期7～9月份，果期9～11月份。

　　三七从种子到开花结实约需2年时间。1年生苗只有1枚掌状复叶，出苗后约5个月后，地下主根和休眠芽逐渐形成，8个月后主根发育粗壮，当年不开花。2年生苗有2～3枚掌状复叶，株高13～16厘米，5月下旬现蕾抽薹，8月中旬开始结果，11～12月份种子成熟。3年生以上苗，有3～6枚掌状复叶，基本达到成株的高度。三七每年2～3月份出苗，出苗后15～20天叶片完全展开，茎叶生长减缓。5月下旬现蕾抽薹，8月初开始开花，地下部分越冬芽已基本形成。从始花至开花盛期约需22天，开花后约15天果实开始膨大。10月中下旬果实逐渐成熟，但大批成熟期在11月份至12月上旬，少数要到翌年1月份才成熟，称为"尾子"。

　　三七种子和芽苞均具休眠特性，但对生理后熟的条件要求不严格。种子在湿润条件下，经45～60天即可完成生理后熟过程；芽苞在一定时间的低温（<10℃）条件下即可打破休眠。三七为伞形花序，花是从外围逐渐向内开放，果实成熟也是这样。所以，采种时不能整个果穗一起采摘，应分批分次采摘红色果实。在自然条件下，种子寿命为15天左右。因此，新采收的种子不能晾晒，随采随播或及时用湿沙层积保存。沙的湿度以20%为宜。过湿会促使种子过早发芽，不利于贮藏；过干会使种子失去发芽能力。

　　三七总皂苷含量的高低与产地、生长年限、主根数、栽培和加工方法等因素有关。三七地下部分由根茎、主根、支根和须根

组成，主根又称"头子"（头是三七分级的专用术语，意思是每500克所含有的三七个数），为传统的药用部位。按其重量和头数分级，分为20头、30头、40头、60头、80头、120头、160头、200头、无数头等，大的每500克有20或30个头子，小的为无数头。3年生不同等级三七主根的主要成分检测分析表明，60头三七的人参皂苷Rg_1和人参皂苷Rb_1的含量最高，5种主要皂苷的总含量也明显高于其他等级。总皂苷的含量则为：根茎＞主根＞支根＞须根，其含量分别为17.98%、11.74%、10.28%和8.38%。在根茎、主根、支根和须根中5种主要皂苷成分的总含量分别为15.71%、11.02%、9.55%和6.47%。根茎的生物产量只为全根的16%，皂苷含量却占25%以上。2年生的地下部分总皂苷含量为9.25%，明显低于3年生的，而且其产量仅为3年生的一半左右。

三七有效成分积累的高峰期有两个，即4月份和10～12月份；从干物质积累规律看，4～5月份是三七干物质积累最少的时期，10月份达到最大值，故将10月份作为春三七的最佳采收期。冬三七由于要留种，采收期只能为12月份至翌年1月份。

三七喜温暖湿润的气候条件，其适宜种植地区一般在海拔500～2 000米的山区，年平均温14～20℃，最冷月1月份平均气温6～12℃，最热月7月份平均气温17～26℃，≥10℃年有效积温4 200～5 900℃，年降水量900～1 300毫米，无霜期280天以上；在生长发育期间，33℃以上高温持续3～5天，植株会出现萎蔫等不良反应；结果期遇10℃以下低温，则影响种子饱满和成熟。三七种子的发芽适宜温度为10～30℃，最适温度为20℃。土壤类型为红壤土及黄红壤土，pH值6～7。

三七喜阴，忌强光直射。荫蔽度以85%～90%为最好；当荫蔽度低于80%时，产量明显下降；荫蔽度低于70%时，三七生长缓慢，植株矮化，叶片苍老发黄，易受灼伤，提早倒苗，地下部随之停止生长，并严重影响翌年植株生长发育，使其产量降低。

不同生长时期和株龄的植株对光照强度的要求有差异，抽薹开花期、果实成熟期所需荫蔽度要小些，一般应控制在70%左右。

三七抗旱能力较弱，对水分的要求严格。在年降水量900～1200毫米、空气相对湿度经常保持在70%～80%、土壤含水量在20%～30%的地区栽培，生长发育良好。如果土壤湿度长期低于20%，则会出现萎蔫或死亡现象；低于15%，种子会丧失发芽能力；土壤水分过多时易引起根部病害。

（二）栽培技术

1. 选地与整地 三七应选择富含腐殖质、疏松、排水良好的壤土、沙壤土，地势向阳、背风、靠近水源的地块。坡地优于平地，一般坡度5°～15°为宜。三七忌连作，忌前茬为蔬菜、荞麦和茄科植物，可与玉米、豆科作物轮作。整地要做到三犁三耙。一般在播种或移栽前4～5个月开始整地，荒地、撂荒地在6～7月份进行。第一次翻耕前，每公顷施入22.5～37.5吨厩肥和750～1500千克石灰，翻地深度约30厘米，播种或移栽前再翻耕2次；熟地翻耕1～2次即可，第一次翻耕也应施足基肥。开厢做畦前或结合整厢对土壤进行消毒，每公顷撒施多菌灵和敌磺钠粉剂各15千克。将土地耙细整平后开沟做畦，畦面宽窄视地势而定，高20厘米左右，沟宽30～50厘米。

2. 播种及移栽

（1）**播种** 播种前将沙藏或新采的果实去掉果皮和果肉，用水洗净，撇去半悬浮或浮于上面的不饱满和秕粒种子，用58%甲霜·锰锌可湿性粉剂500～800倍液或1.5%多抗霉素可湿性粉剂200毫克/升浸种30～50分钟，浸种后用草木灰或钙镁磷肥拌种。或采用三七专用包衣剂包衣，包好后晾2天即可播种。播种采用穴播或条播，播期一般在11月中旬至12月中旬；"尾子"于翌年1月中下旬播种，每公顷播量270万～300万粒。穴播按株距离4～5厘米挖穴、深2～3厘米、行距5厘米。条播按行距5

厘米开沟、5 厘米株距撒播。播后覆土 2～3 厘米，或覆盖 2～3 厘米厚的厩肥与表土等比例的混合土。播种后床面铺盖一层秸秆或茅草。

（2）**移栽**　1 年生苗秋后即可移栽，移栽时间在 12 月中下旬至翌年 1 月中下旬。若 2 月份以后移栽，则芽已萌动，植株抗逆性差，会影响苗木成活率和后期的生长发育。移栽密度为株行距 10 厘米×12.5 厘米，或 10 厘米×15 厘米。

移栽应选阴天，起苗前 1～2 天将苗床淋透水。起苗时不要损伤根条和芽苞，边起苗边分级，随起随栽。栽种前，剪掉头年残存的地上部分，然后消毒。用 50% 代森锌可湿性粉剂 300 倍液浸蘸整个根部半小时，捞出后即可栽种。按行距 3～5 厘米的距离起浅沟，将幼苗平放沟内，芽苞朝相同方向，然后覆土，并盖上茅草或秸秆，浇定根水。

3. 栽培管理　人工栽培三七需要搭棚遮阴：先栽竖桩，一般顺厢间距 2 米左右；竖桩长 2 米左右，埋入土深 30～40 厘米。栽好竖桩后，固定顺杆和横杆。然后，按照荫蔽度的要求铺上树枝、茅草等遮阳物。

三七不耐高温和干旱，要勤浇水。种子播种后或出苗展叶期正值旱季，要及时浇水。一般三七种植地土壤含水量应保持在 25% 左右。浇水时要喷淋，以免植株倒伏。雨季（6～9 月份）空气湿度大，是三七黑斑病、根腐病的高发季节，应注意排涝。所以播种或移栽后，应及时在田边挖好排水沟，以防涝渍。

荫棚荫蔽度应根据三七不同生长发育阶段对光照强度的需求进行调节。1 年生苗怕强光，荫蔽度可大些；3～4 年生苗抗光性增强，荫蔽度可小些。春季气温较低，光照强度弱，荫蔽度可小些；随着气温的升高，光照强度增强，荫蔽度应调节到最大。种子园在开花结果期应将荫蔽度调低些。

三七是浅根性植物，根系大多分布在土层 15 厘米左右处，因此不宜中耕除草。除草采用手拔的方法，做到有草就拔。拔除

时若有三七根系裸露，应用细土覆盖。

三七对氮、磷、钾的吸收趋势：1～3 年生苗均表现为钾＞氮＞磷，说明三七是典型的喜钾植物。3 年生苗每形成 100 千克干物质仅需纯氮 1.85 千克、五氧化二磷 0.5 千克、氧化钾 2.28 千克。三七不同生育时期养分吸收动态：8 月初和 10 月初是两个吸肥高峰，即花期和果期是三七最重要的需肥时期。每公顷施农家肥 37.5 吨为基肥，追肥采取农家肥 37.5 吨，或复合肥 225 千克、硫酸钾 150～225 千克，每年 2 次追肥能获得较高的产量和较好的经济效益。追肥应掌握"少量多施"的原则。出苗初期在畦面撒施草木灰 2～3 次，每次间隔 20 天，每次每公顷 375～750 千克，稀薄人粪尿 15 吨。4～5 月份追施速效肥，每公顷施复合肥 225 千克、硫酸钾 150～225 千克，以促进植株旺盛生长；7～8 月份，三七进入抽薹开花期，再追施 1 次速效肥，用量同前。

三七留种苗应选 3 年生植株，要加强栽培管理，开花时适当剪除花序外缘的部分小花。2 年生植株结果少，种子小、质量差，繁殖后幼苗瘦小，影响后期生长，不宜采收。冬季种子采收后将地上部分剪去，并将田间枯枝落叶和杂草一同清理干净，集中到园外焚烧。然后喷施杀虫剂、杀菌剂对畦面进行消毒处理，常用药剂有波尔多液、多菌灵、敌磺钠等。田间消毒后应及时追施 1 次盖芽肥，每公顷 37.5 吨以上，其中活土 60%、厩肥 40%。消毒施肥后，及时均匀撒一层保墒草，以利保温、保墒、保芽等。云南产区三七病害多达 20 余种，其中发生较普遍、较严重的病害有根腐病（俗称鸡屎烂）、黑斑病、白粉病、疫病等。

4. 病害防治

（1）根腐病 主要危害地下部，各年生的三七会周年发生。栽培年限越长，发病越重，3～5 月份为发病高峰期，发病率为 5%～29%，严重时达 46.68%。根腐病是由多种病菌单独侵染和复合侵染引起的土传性病害。主要症状是植株矮小，叶片发黄脱落，地下部块根呈黄色干腐状。叶片呈绿色萎蔫披垂，地下发病

部位有白色菌脓，闻有臭味。地上部分枯死，地下部分根皮稀烂、心部软腐或腐烂，根皮及其纤维状物尚存。发病原因与整地不细、有机肥未腐熟、土壤水分过多、子条带病或机械损伤等因素有关。当温度为 15～20℃、相对湿度大于 95% 时，就会引起根腐病大发生。根腐病以预防为主，要做好土壤的耕作与消毒，使用腐熟的有机肥，选用无病、无机械损伤的健壮子条，注意浇水和排渍水，加强荫棚荫蔽度的调节，改善通风状况，实行轮作，增施钾肥和有机肥，发现病株及时拔除并烧毁。药剂防治时，用 10% 叶枯净＋70% 敌磺钠＋50% 多菌灵＋水，按 1∶1∶1∶500 的比例配制后灌根防治。

（2）**白粉病**　主要危害三七的叶、花盘、果实等部位。叶片受害严重时，整个叶片脱落；花盘受害，花而不实；果实被害，造成种子不饱满。该病 3 月份开始发生，4～5 月份危害最重，发病率为 1.44%～10.39%。被害叶片两面均发生白粉状病斑，以后逐渐扩展，使整个叶片布满一层粉状物，随后变成黑色小点，使叶片变黄脱落。三七出苗后遇上高温、干燥、大风天气，容易引起该病的发生和蔓延。

防治方法：三七冬季倒苗后，彻底清洁田园，铲除杂草和枯枝落叶，并集中烧毁。注意早期防治。冬季清园后喷 0.3～0.5 波美度的石硫合剂进行土壤消毒；出苗前，再喷此药 2～3 次。出苗后，可连续喷 70% 代森锰锌可湿性粉剂 500 倍液 2～3 次，每 7～10 天喷 1 次。病害发生时，应立即喷石硫合剂，以免蔓延。

（3）**疫病**　主要危害叶片，发生在早春多雨或晚秋低温季节，发病率为 4.32%～27.76%。发病初期叶片上可见不规则的暗绿色病斑，随后病斑颜色变深，叶片软化像开水烫过一样，叶片披垂，叶脉发黄，造成叶片脱落。

防治方法：注意田园通风透气，降低园内湿度；冬季清园后，喷施 1∶1∶150 波尔多液对畦面消毒。发病后及时剪除病叶，

用 1：1：150 波尔多液或 70% 代森锰锌可湿性粉剂 500～700 倍液喷施，连续 2～3 次。

（三）采收与加工

1. 采收 三七一般在移栽 3～4 年后可采收，采收时间为 8 月份（不采种）或 12 月份至翌年 1 月份（采种）。8 月份采收的三七称春三七，产量高、质量好，加工后的三七饱满，表皮光滑。12 月份至翌年 1 月份采收的称冬三七，产量低、品质稍差，加工后的三七质轻、不饱满、褶皱多。用来摘花的三七可延迟到 9～10 月份采收。由于其生育期延长，产量稍高，品质也好，所以也称春三七。

采收时应选择晴天，以便于三七的清洁、晾晒。采挖时，不要损伤根系，根挖起后即可运回加工。

2. 加工 三七地下部分按商品分类，分别称之为头子（主根）、剪口（根茎）、筋条（支根）、须根等，按大小、粗细分为不同的等级。等级不同，其品质和价格也有很大差别。因此，三七采收后，要经过一系列的加工处理，才能成为商品。后续加工过程包括清洗、修剪、分级、晾晒（或烘烤）、搓揉、抛光等，其中晾晒（或烘烤）和搓揉要反复进行，直至根外部粗皮被去掉，含水量降至 13% 以下为止。

加工前，先剪去根茎上残留的茎叶和直径在 5 毫米以下的须根，装入竹筐或水槽，用流水或高压水枪冲洗干净。注意：冲洗时间不宜过长，否则会影响加工质量。清洗三七的水，水质一定要无污染，尽量采用自来水或山泉水等生活用水。清洗后，按大小分类，一般分大、中、小 3 类，按等级分开晾晒。晒至发软时，进行修剪，剪下支根、根茎，再分开晾晒。主根要边晒边揉，每 3～4 天搓揉 1 次。搓揉方法，将 3 千克左右主根装入麻袋，放在地上，用手反复搓揉麻袋，使麻袋与三七根或根与根之间反复摩擦，以去除根的粗糙外皮，便于干燥。第一次搓揉时，主根所含水分尚多，用力不宜过大，否则会使根受伤、变形、色泽变黑、品质变低。如此边晒边搓，反复7～8次，直至根干透为止。大的主根搓揉次数宜多些，小的搓揉次数可少些，均以主根硬实全干为止，衡量方法是以牙咬无印痕为度。

经过晾晒、搓揉加工出来的三七，称为"毛货"。再将毛货与粗粮、稻谷或松叶、龙须草一起混合装入麻袋内进行搓揉，使之光滑。然后再晾晒2～3小时，即成成品，分级、包装后可入库贮存。如遇阴雨天不能晾晒时，可在室内进行烘烤。烘烤温度保持在30℃左右，最好不超过40℃。烘烤时要勤检查，勤翻动。边烘烤，边搓揉，保证成品干燥均匀一致。

十七、香草兰

　　香草兰，又称香子兰、香草兰、扁叶草兰、香草、香兰、墨西哥香草兰等，属兰科香荚兰属多年生攀援藤本，是一种热带名贵的天然香料植物。原产于墨西哥和马达加斯加，它的果实称香草兰豆。近年来世界每年生产香草兰豆 2 000～2 500 吨，并以 1%～1.5% 的速度逐年增长。

　　香草兰主要分布在南北纬 20°之间、海拔 700 米以下的低纬度海岸附近，全世界种植面积 3.3～3.5 万公顷。目前，香草兰主要集中在马达加斯加、印度尼西亚、科摩罗、留尼汪岛、乌干达、塞舌尔、墨西哥和塔希提等岛屿国或地区，其中马达加斯加、科摩罗和留尼汪岛，香草兰出口是其主要经济来源。美国年均进口成品香草豆 1 500 吨以上，是世界上最大的消费国，其次是法国、德国、瑞士、日本等国。我国的香草兰是 1960 年从印度尼西亚引种的，先后在福建、海南、云南栽培成功。世界上香草兰有约 110 个种，800 多个品种，但有栽培价值的仅有 3 个种。品质最好，栽培最多的是墨西哥香草兰，种植后 2.5～3 年就能开花结果，6～7 年则进入盛产期，经济寿命在 10 年左右。由于香草兰是高档食品不可缺少的调味原料，而且价格昂贵，所以我国已将其列入重点攻关项目，现已引种到云南、广东、广西、海南等地。香草兰果实中香草兰素（或称香草精）含量为 1.3%～3.8%、脂肪 4.5%～15%，树脂 1%，糖类 7%～20%（主要为葡萄糖和果糖）、有机酸（主要是油酸和棕榈酸）、蜡、胶、单宁、色素、纤维素、矿物质及挥发油等，具特殊的香型。

（一）生物学特性

香草兰为多年生攀援藤本植物，浅根性。根有两种，即气生根和地生根。气生根从地上部分每个茎节叶腋一侧长出，每个茎节能长出两条；地生根光滑，用于缠绕支柱，又称固定根。地生根的分枝根多，根端密生白色茸毛，具有吸收水分和养分功能，也称吸收根，其再生能力强。茎肥厚，长 10～25 米，具圆柱状回旋形茎，节长 5～15 厘米。3 年生茎可达 12 米以上，节上有气根，叶为一节一叶，互生，肉质，浓绿色，无柄，长椭圆形或宽披针形，长 8.5～25 厘米，宽 2.5～8 厘米。总状花序，腋生，一般每花序有花 6～15 朵，多的可达 20～30 朵，绿色或黄绿色，芳香；花萼和花瓣各 3 枚，窄倒披针形，唇瓣窄喇叭状，短小，具小圆齿裂片；柱头 2 裂，有黏性。子房下位，1 室。果实为肉质荚果状，稍呈扁三角形，像豆荚，长 10～35 厘米，宽 0.8～1.4 厘米，厚 0.6～.1 厘米，果面有纵纹 6～7 条，鲜果重 3～25 克。种子细小，黑色，类圆形，平均长 0.31 毫米，宽 0.26 毫米，种植 1.5 年后部分植株开花结果，2.5 年后全面开花结果，花期为 3～6 月份。

生长期要求温暖湿润、雨量充沛，一般月平均气温在 21～29℃适宜生长发育，低于 20℃或高于 33℃时生长缓慢；日平均气温低于 15℃持续 5 天以上，苗蔓几乎停止生长；温度在 6.7～10.8℃连续 9 天以上，嫩蔓有轻微寒害。香草兰生长的适宜空气相对湿度为 80%～90%，低于 75% 时生长缓慢。香草兰要求年降水量高于 1 100 毫米，降雨日多于 170 天，或月降雨过多（700 毫米以上），或过于干旱，均对其生长不利。香兰草喜阴，宜在半荫蔽环境中生长，健康生长的光照率为 50%～55%，小苗生长期一般荫蔽度 60%～70% 最适宜生长发育，投产期 50% 的荫蔽度较有利于控制其营养生长，有助开花。要求富含腐殖质，疏松，排水良好的微酸性（pH 值 6～6.5）土壤。香草兰属世界约有 110 个种，800 多个品种，较有栽培价值的仅有 3 个种，产量

最好、栽培最广的是墨西哥香草兰。

（二）苗木繁育与栽培

1. 育苗　可采用茎蔓扦插育苗，以3月下旬至4月上旬为宜，一般选择健壮植株，剪取50～100厘米有4～5个节的枝条为繁殖材料，修剪掉枯死的气生根和埋入土层一段的1～2个叶片，埋入土中10～20厘米，地上部绑在枝柱上，插条基部用腐殖土覆盖，然后喷水，株行距1.5米×2米。采用较长的插条能够提早开花结果，但植株寿命短；采用较短插条，植株生长健壮，生长旺盛，寿命也长。

为了适应生产发展的需要，1984年开始用组培方法繁育的幼苗，用MS基本培养基，继代培养的应添加0.2～2毫克/升6-苄基氨基嘌呤和0.001～0.5毫克/升萘乙酸（NAA）。每6～8周为一个繁育周期，试管苗长至10厘米以上则以成苗出售。

2. 定植　选接近水源，排水良好，风小，有机质含量高，比较肥沃疏松的微酸性土壤，平地和有一定坡度的地块均可。定植以清明前后，气温在20℃以上时最好。定植须浅，长条苗50～100厘米长的壮蔓，切口要消毒，覆土1～5厘米，露出叶片和两端切口，以免病菌从伤口处侵染引起腐烂。适宜株行距2米×1.5米，双苗定植，定植后浇定根水。

3. 田间管理　幼苗期以营养生长为主，要保持充分的土壤湿度，成苗后在生殖生长期要相对干旱，以便花芽分化。高温期应增加浇水量，促进果荚生长；果荚成熟期可相对干旱，以利果荚成熟。每年可施肥3～4次，化肥主要以叶面肥为主，浓度0.5%～1%，每月追施1～2次。在开花期以磷、钾和硼为主，分次追施，效果好。

香草兰根系浅，定植后即可覆盖，以后每年5月份和10月份各覆盖1次。覆盖物最好选椰糠，其次是锯木屑、枯叶、杂草、稻草。在管理过程中，要不断施加有机肥和覆盖物，使畦面

增高变窄，因此在施加有机肥和大雨后要抓紧用铁铲修畦，使其保持宽度。香草兰需要微酸性或中性土壤，其中以 pH 值 6～6.5 最好，种植前根据测定的 pH 值，每 667 米^{2}撒施石灰粉 50～100 千克，然后定植；种植后由于每年都要不断加施有机肥，会使土壤变酸，这时可用 0.5% 的石灰液浇灌土壤表层，2 天后再重复浇 1 次。同时，在施肥时应选生理碱性肥料，如碳酸钾、钙镁、磷、草木灰等。若土壤偏碱，则应视 pH 值施用生理酸性肥料，如硝酸铵、硫酸钾等。

香草兰长出藤蔓后及时用绳子把蔓茎绑在支柱上。苗高 1～1.5 米时需摘顶，一般顶部除去 10～15 厘米，以促使侧蔓发生，此法可发出 3～4 个甚至 5～6 个侧蔓，可根据种植密度合理留蔓。剪去多余的营养芽。当侧蔓长到一定高度时再进行摘顶，这样反复进行 3～5 次，一般每条攀柱上只留 6 条茎蔓。当结果枝长到 70～80 厘米时，人工使其下弯或将其稍微缠绕在植株支柱上，然后在离地表 50～60 厘米处剪去顶部，从结果枝上长出的任何分枝达 70～80 厘米时都要剪去，但从植株的其余部分长出的枝条在变长以前，可让其生长成为翌年的结果枝，这样流向结果枝的汁液减少，可有利于花的形成。在收获后，剪去结果枝，同时修剪翌年的结果枝。在适宜的生长条件下，结果枝每天可长 2～3 厘米。扦插植株生长 18～24 个月后可少量开花结果，翌年可达盛果期，在良好管理条件下可连续采收 15 年左右。

在云南，香草兰开花期一般是 2 月底至 5 月中旬。由于自然授粉效果差，结实率仅为 1% 左右，所以必须进行人工授粉。香草兰通常在早晨 5～6 时开花，中午 12 时后逐渐闭合，开放时间较短，因此人工授粉应在早上进行。

4. 采收　香荚兰果顶开始变黄，其他部位由亮绿色变成深绿色，并出现黄条纹时，即可采摘，一般持续 2 个月左右，采后经加工，出香气后成为香荚兰或称香子兰豆。

5. 加工方法　将采摘下的果荚放置在 95℃水中处理 20 小

时，取出擦干。分别用毛毯包好，放置在 45℃ 恒温箱内烘 4 小时，取出，移置干燥房间，也可放在阳光下晒 6～7 小时（晒时要翻动毛毯），以后再置干燥房间内。第二天打开毛毯，擦干荚果表面水分，用毛毯包好。如此反复进行 4～10 天，荚果即可变成黑褐色。当荚果挥发香气时，即可去掉毛毯，置于竹帘上，在避风较好的室内晾干，捆束装入密封瓶内。经半年左右，荚果表面即出现香荚素的血色晶体。

在发酵过程中，应注意防止荚果发霉变质，一旦发现有霉变时，应取出分别处理。

生香后的香草兰豆主要质量标准：①有良好的香气香味；②香兰素和其他芳香成分含量高；③产品色泽呈巧克力和咖啡色（深褐色）；④外观光洁润泽，果形直；⑤果端不开裂；⑥干燥便于管理，不易长霉变质。

6. 主要芳香成分　果实中含有挥发油，主要化学成分为香兰素、丙烯醛、香兰酸、3，4-羟基苯甲酸、羟基苯甲醛等。测定其精油主要化学成分为 4-羟基 -3-甲氧基 -苯甲基（64.83%）、对羟基苯甲酸（4.92%）、亚油酸乙酯（5.18%）、二十五烷（2.18%）等。

（三）利　用

1. 香料　香草兰是兰科植物中最有经济价值的天然香料，现已成为各国消费者最喜欢的一种天然食用香料，有"食品香料皇后"的美称。它的特殊香型广泛用作高级香烟，名酒、茶叶、奶油、咖啡、可可、巧克力等高档食品的调香原料。香草兰有价值的部分为果实，称香荚豆。它的鲜豆必须经过生香加工后才成为具有特殊香气的香荚干豆。

2. 药用　香草兰可入药，用作神经兴奋剂，具有治疗癔病，月经不调和热病等功效，欧洲人曾一度用于治疗胃病、补肾、解毒等，并列入英国、美国和德国的医学辞典中。

3. 观赏　香荚兰花大，有芳香，是良好的悬挂观赏型花卉。

十八、迷迭香

迷迭香，又名海洋之露、艾菊、乃尔草、万年香、迷蝶香、油安草、万年志，有"玛利亚的玫瑰""海水之珠"之称，是唇形科迷迭香属多年常绿小灌木，原产欧洲，多分布在法国南部富钙的山坡或海岸地区。迷迭香具有浓郁的清香味，在欧洲广泛用作高档菜香料，同时也是香料的主要原料，制成的香波不但有清香味，还能使头发变得柔软。已应用于医药、日用化工、食品等领域，主要作为化妆品的原料及沙拉、肉食、饮料等的调味料。目前，公认最具有抗氧化作用的是迷迭香中鼠尾草酸、鼠尾草酚、迷迭香酚、熊果酸和迷迭香酸等防腐、抗菌的活性成分。迷迭香性温，在欧洲草药医学中有着相当重要的地位，可刺激血液循环，使血行至脑，提高记忆力。它还可减轻头和偏头痛，引血上行至头皮，促进头发生长。迷迭香可用于治疗癫痫和眩晕，升高过低的血压，对循环不良所致的头晕与虚弱也有一定的价值。迷迭香酸对长期紧张和慢性疾病具有康复作用，尤其适用于治疗循环不良与消化不良所致的虚弱症。迷迭香可从花、茎、叶中提取精油，是欧洲传统香料。植株香味强烈，具有龙脑、樟脑等成分的混合香气。

（一）生物学特性

迷迭香有许多种、变种和品种，国内目前常见的栽培种有以下几个。

1. 普通迷迭香 株高 60～120 厘米，直立。茎方形、木质、褐色，较细。叶形条形，叶质薄。花色淡粉色，花期 1～2 月份。

2. Rex 迷迭香 株高 60～150 厘米，直立。茎方形、木质、褐色，较粗。叶对生，革质无柄。叶形剑形，叶质厚。花深蓝色，花期 10 月份至翌年 2 月份。

3. Wood 迷迭香 株高 60～150 厘米，匍匐。茎方形、木质、褐色，较细。叶形剑形，叶质薄。花色淡紫或淡蓝，花期 10 月份至翌年 3 月份。

迷迭香喜温耐旱，但不耐涝，喜日照充足，但不耐低温，有一定的耐盐碱能力，在光照充足、地势高燥、排水良好的环境条件下生长良好。迷迭香在 −2℃ 以下不能成活，5℃ 时开始萌动，10℃ 时生长缓慢，20℃ 左右生长旺盛，30℃ 时进入半休眠期。

迷迭香适宜的生长温度为 15～30℃，对土壤 pH 值的适宜范围较广（4.5～8.7），宜在通风、排水良好的田地栽培。用种子繁殖时，发芽率较低，发芽时间较长，现多用扦插方式繁殖。收获的次数根据植株生长的情况而不同。当年移栽的，至少在半年以后收获第一次，2 年后的植株 1 年可收获 2 次。

迷迭香为多年生常绿亚灌木，直立型，高 60～120 厘米，最高可超过 160 厘米。老枝褐色，表皮粗糙，幼枝呈四棱形。叶线形，对生，全缘，革质，无柄，长 3～4 厘米、宽 2～4 厘米。叶背面呈深绿色，平滑，腹面灰白色，具细小茸毛，有鳞腺，边缘外卷。芽无芽鳞。具长短枝。花淡蓝至蓝紫色。花冠唇形，着生于顶部叶腋间，少数聚集在短枝的顶端成总状花序。两性，雄蕊 4 枚，子房 4 室。花期 9～11 月份。坚果为褐色，卵状近球形。

（二）栽培技术

在河南、湖南、云南等地，3 月下旬至 4 月上中旬露地定植扦插苗，7 月份和 10 月份各采收 1 次，蒸取芳香油。南方温暖处于露地越冬栽培。北方地区栽培时需培土防寒，最好在温室或阳畦中越冬。一次定植，可多年采收。

通常用无性繁殖法中的扦插方法育苗，以春、秋季最佳。夏、秋交替季节，中午阳光强烈，要适当遮阴，隆冬时节要注意防冻保温。

扦插枝条应选用当年生的半木质化枝条，长度约 10 厘米。较长或肥壮枝条可剪成几段，但要确保每一段有 4 个以上的节，每节至少留 2 个芽，上端留 1～2 片全叶，其余均抹去，下端剪成马耳形。剪好的枝条用清水浸泡 5～10 分钟，再用 0.1% 高锰酸钾液浸泡 20 分钟消毒灭菌，然后用 5 000 毫克/千克吲哚丁酸（IBA）或萘乙酸（NAA）浸插条基部 24 小时促其快速生根，随后即可扦插。剪枝时要遮阴，从母株截取枝条时间越短越好。

扦插应选择阴天或下午进行，插入土中深度 3～4 厘米，入土部分一般为 2 个节，株行距以 5 厘米×5 厘米为宜。如苗床松软，可以干插。如果苗床偏硬，可先将苗床用水浇湿再扦插。插入后及时浇透水，第一次浇水以喷淋方式较好。

扦插后半个月内，必须每天浇水 3 次，确保苗床湿润。浇水时间以早、晚最佳，阳光强、气温高时要注意遮阴，浇水次数也要适当增加。半个月后插穗开始生根，生根后可适当减少浇水量，但不能脱水。生根成活后，每公顷可用 150～180 千克尿素兑水浇灌，每 10 天浇肥 1 次，经过 3 个月左右即可移栽，株行距 40 厘米×40 厘米。移栽成活 1 个月后开始修枝。修枝的目的一是为了让其充分分枝，每剪 1 枝可发 2～4 枝；二是控制生长高度，植株长得过高容易倒伏和折断。枝条修剪标准应以确保侧芽生长，使植株长成圆锥形为最佳。每次修剪下的枝条都可用于提炼精油。

（三）采　收

迷迭香一次栽培，可多年采收，每年可采收 3～4 次，每公顷每次采收鲜枝叶量 3 750～5 250 千克。若采收植株过小，则费工费时，效益低；若采收植株过大，则木质化程度高，有效成分

降低，影响精油提取及抗氧化剂的产量、质量。采收后要加强肥水管理，结合人工除草及时浇水，补施普钙或复合肥。同时，为了有利植株通风、透光，提高光合作用，采收后可对植株进行再次修剪，将株形培育为圆锥形。

1. 采收季节 一般 3 月份至 11 月上旬均可采收。一般当主茎高 20～30 厘米时即可采收嫩头。冬季 11 月中旬到翌年 2 月份不宜采收，应以保苗及加强肥水管理为主。采收时必须戴手套、穿长衣服，以免伤口流出的汁液变成黏胶附着皮肤。

2. 枝叶采收标准 从顶端向下，茎秆上会出现 1 个绿白色变为黑色的变色点，此点正是韧皮部开始木质化的分界线，从顶端至变色点部分（20 厘米左右）即为加工最好的嫩枝叶原料。采收次数可视植株生长情况而定，一般每年可采收 3～4 次，每次每 667 米^{2}产量 250～350 千克。收获后若不立即食用，应及时烘干，避免香气散失。采剪后的枝叶 2 天内应进行加工。

参考文献

［1］彭世奖. 中国作物栽培简史［M］. 北京：中国农业出版社，2012.

［2］朱德蔚，王德槟，李西香. 中国作物及其野生近缘植物蔬菜作物卷（下）［M］. 北京：中国农业出版社，2008.

［3］东风古韵. 餐桌上的植物史［M］. 北京：东方出版社，2009.

［4］何金明，肖艳辉. 芳香植物栽培学［M］. 北京：中国轻工业出版社，2010.

［5］孟林. 香料及其景观应用［M］. 北京：中国林业出版社，2011.

［6］陈德新. 香荚兰世界食品香料皇后［M］. 北京：中国林业出版社，2009.

［7］徐清萍. 香辛料生产技术［M］. 北京：化学工业出版社，2008.

［8］刘义满，等. 常用保健型香辛蔬菜栽培技术［M］. 武汉：湖北长江出版集团等，2010.

［9］张宝海，等. 芳香蔬菜栽培实用技术［M］. 北京：中国农业出版社，2004.

［10］张和义，等. 常见野菜的生产与食用［M］. 杨凌：西北农林科技大学出版社，2016.

［11］张和义，等. 细说绿叶菜栽培［M］. 北京：中国农业出版社，2015.

［12］徐照玺，等．百种调料香料类药用植物栽培［M］．北京：中国农业出版社，2003.

［13］徐洁，等．芳香植物研究与应用［M］．昆明：云南出版集团公司等，2016.

［14］中国农业科学院蔬菜研究所．中国蔬菜栽培学［M］．北京：农业出版社，1987.

［15］将先明．各种蔬菜［M］．北京：农业出版社，1989.

［16］陆帼一．绿叶菜周年生产技术［M］．北京：金盾出版社，2002.

［17］张和义，等．特种芹菜栽培新技术［M］．杨凌：西北农林科技大学出版社，2011.

［18］程智慧．新编特种蔬菜种植技术手册［M］．杨凌：西北农林科技大学出版社，2013.

［19］商业部教育司．调味品商品知识［M］．重庆：重庆出版社，1984.

［20］北京市人民政府农林办公室科教处．特种蔬菜种植技术［M］．北京：中国农业科技出版社，1999.

［21］施仁潮，等．花草美食［M］．北京：金盾出版社，2013.

［22］林彪．林副产品加工新技术与营销［M］．北京：金盾出版社，2012.

［23］张和义，等．特菜安全生产技术指南［M］．北京：中国农业出版社，2012.

［24］曹华．特菜生产关键技术百问百答［M］．北京：中国农业出版社，2010.

［25］王瑜，等．绿叶蔬菜优质高产栽培［M］．北京：中国农业大学出版社，1998.

［26］宋静，等．68种香名特蔬菜的营养与科学食用［M］．北京：金盾出版社，2013.

三农编辑部新书推荐

书　名	定　价	书　名	定　价
西葫芦实用栽培技术	16.00	山楂优质栽培技术	20.00
萝卜实用栽培技术	19.00	板栗高产栽培技术	22.00
设施蔬菜高效栽培与安全施肥	32.00	猕猴桃实用栽培技术	24.00
特色经济作物栽培与加工	26.00	桃优质高产栽培关键技术	25.00
黄瓜实用栽培技术	15.00	李高产栽培技术	18.00
西瓜实用栽培技术	18.00	甜樱桃高产栽培技术问答	23.00
番茄栽培新技术	16.00	柿丰产栽培新技术	16.00
甜瓜栽培新技术	14.00	石榴丰产栽培新技术	14.00
魔芋栽培与加工利用	22.00	核桃优质丰产栽培	25.00
茄子栽培新技术	18.00	脐橙优质丰产栽培	30.00
蔬菜栽培关键技术与经验	32.00	苹果实用栽培技术	25.00
百变土豆 舌尖享受	32.00	大樱桃保护地栽培新技术	32.00
辣椒优质栽培新技术	14.00	核桃优质栽培关键技术	20.00
稀特蔬菜优质栽培新技术	25.00	果树病虫害安全防治	30.00
芽苗菜优质生产技术问答	22.00	樱桃科学施肥	20.00
大白菜优质栽培新技术	13.00	天麻实用栽培技术	15.00
生菜优质栽培新技术	14.00	甘草实用栽培技术	14.00
快生菜大棚栽培实用技术	40.00	金银花实用栽培技术	14.00
甘蓝优质栽培新技术	18.00	黄芪实用栽培技术	14.00
草莓优质栽培新技术	22.00	枸杞优质丰产栽培	14.00
芹菜优质栽培新技术	18.00	连翘实用栽培技术	14.00
生姜优质高产栽培	26.00	香辛料作物实用栽培技术	18.00
冬瓜南瓜丝瓜优质高效栽培	18.00	花椒优质丰产栽培	23.00
杏实用栽培技术	15.00	香菇优质生产技术	20.00
葡萄实用栽培技术	22.00	草菇优质生产技术	16.00
梨实用栽培技术	21.00	食用菌菌种生产技术	32.00
设施果树高效栽培与安全施肥	29.00	食用菌病虫害安全防治	19.00
砂糖橘实用栽培技术	32.00	平菇优质生产技术	20.00
枣高产栽培新技术	15.00		

三农编辑部新书推荐

书　名	定价	书　名	定价
怎样当好猪场场长	26.00	蜜蜂养殖实用技术	25.00
怎样当好猪场饲养员	18.00	水蛭养殖实用技术	15.00
怎样当好猪场兽医	26.00	林蛙养殖实用技术	18.00
提高母猪繁殖率实用技术	21.00	牛蛙养殖实用技术	15.00
獭兔科学养殖技术	22.00	人工养蛇实用技术	18.00
毛兔科学养殖技术	24.00	人工养蝎实用技术	22.00
肉兔科学养殖技术	26.00	黄鳝养殖实用技术	22.00
肉兔标准化养殖技术	20.00	小龙虾养殖实用技术	20.00
羔羊育肥技术	16.00	泥鳅养殖实用技术	19.00
肉羊养殖创业致富指导	29.00	河蟹增效养殖技术	18.00
肉牛饲养管理与疾病防治	26.00	特种昆虫养殖实用技术	29.00
种草养肉牛实用技术问答	26.00	黄粉虫养殖实用技术	20.00
肉牛标准化养殖技术	26.00	蝇蛆养殖实用技术	20.00
奶牛增效养殖十大关键技术	27.00	蚯蚓养殖实用技术	20.00
奶牛饲养管理与疾病防治	24.00	金蝉养殖实用技术	20.00
提高肉鸡养殖效益关键技术	22.00	鸡鸭鹅病中西医防治实用技术	24.00
肉鸽养殖致富指导	22.00	毛皮动物疾病防治实用技术	20.00
肉鸭健康养殖技术问答	18.00	猪场防疫消毒无害化处理技术	22.00
果园林地生态养鹅关键技术	22.00	奶牛疾病攻防要略	36.00
山鸡养殖实用技术	22.00	猪病诊治实用技术	30.00
鹌鹑养殖致富指导	22.00	牛病诊治实用技术	28.00
特禽养殖实用技术	36.00	鸭病诊治实用技术	20.00
毛皮动物养殖实用技术	28.00	鸡病诊治实用技术	25.00
林下养蜂技术	25.00	羊病诊治实用技术	25.00
中蜂养殖实用技术	22.00	兔病诊治实用技术	32.00